Preface

최근 운행자동차 수가 증가하면서 정비의 필요성 또한 높아지고 있다. 이에 산업현장에서 자동차정비의 효율성 및 안정성 확보를 위한 제반 환경 조성을 위해 정비분야 기능사 양성이 더욱 중요한 과제로 대두했다.

자동차 정비센터를 운영한 지 30년, 폴리텍 대학에서 실무를 강의한 지 20년 가까이 된다. 이제 결산이 필요한 때라 생각되어 그동안의 경험과 노하우를 이 책에 총정리하고, 이제 막 이 분야에 대해 공부하기 시작한 후진들에게 조금이라도 도움을 주기 위해 이 책을 내게 되었다.

이미 수많은 교재가 서점에 즐비하고, 그 교재로 공부하는 사람들도 많다. 그럼에도 이 책을 보태는 것은 그동안의 경험을 통해 필자만의 새로운 방식으로 정리한 교재가 필요하다고 느꼈기 때문이다. 학생들이 어떤 교재로 어떻게 공부를 해야 효과가 탁월할지 오랜 시간 고민하였고, 이 책이 완성되었다.

■ 이 책의 구성

1. 국가기술자격 실기시험문제를 바탕으로 작업과정을 동일하게 구성하였다.
2. 전 작업과정을 올 컬러 사진으로 제시함으로써 학습의 효율성을 높였다.
3. 답안 작성란을 직접 체크해 볼 수 있도록 구성하였고, 답안 작성 시 유의점도 함께 제시하였다.

모쪼록 이 책이 합격으로 가는 데 좋은 길잡이가 되길 기대하며, 늘 독자 편에 서서 아낌없는 도움을 주시는 예문사 정용수 사장님과 편집부 직원들께 감사의 말을 전한다.

저 자
고 동 원

직무 분야	기계	중직무 분야	자동차	자격 종목	자동차정비 기능사	적용 기간	2016.01.01. ~ 2018.12.31.

[직무내용]
각종 공구 및 기기와 점검 장비를 이용하여 엔진, 섀시, 전기장치 등의 결함이나 고장 부위를 진단하고, 적합한 부품으로 교체하거나 정비하는 직무를 수행

[수행준거]
1. 자동차 정비용 장비 및 공구를 사용해 엔진의 고장 원인을 진단할 수 있고 단품교체 등의 기초적인 정비를 수행할 수 있다.
2. 자동차 정비용 장비 및 공구를 사용해 섀시의 고장 원인을 진단할 수 있고 단품교체 등의 기초정비를 수행할 수 있다.
3. 자동차의 전기장치 회로시스템을 이해하고 각종 전기장치의 고장 원인을 진단할 수 있고 단품교체 등의 기초정비를 수행할 수 있다.

필기검정방법	작업형	시험시간	4시간 정도

과목명	주요 항목	세부 항목	세세 항목
자동차 정비 작업	1. 엔진정비	1. 엔진 점검 및 정비하기	1. 엔진 분해조립 및 부품 교환을 할 수 있다. 2. 엔진 시동 및 점검을 할 수 있다. 3. 엔진 성능진단 및 시험을 할 수 있다. 4. 엔진 측정 진단을 할 수 있다. 5. 엔진의 각종 센서 점검을 할 수 있다.
		2. 배출가스장치 및 전자제어장치 점검하기	1. 배출가스장치를 정비할 수 있다. 2. 가솔린 전자제어장치를 정비할 수 있다. 3. 디젤 전자제어장치를 정비할 수 있다. 4. LPG 전자제어장치를 정비할 수 있다.
		3. 엔진 부수장치 정비하기	1. 연료장치를 정비할 수 있다. 2. 윤활장치를 정비할 수 있다. 3. 냉각장치를 정비할 수 있다. 4. 흡배기장치를 정비할 수 있다. 5. 기타 장치를 정비할 수 있다.
	2. 섀시정비	1. 동력전달 장치 정비하기	1. 클러치 및 수동변속기를 정비할 수 있다. 2. 자동변속기/무단변속기를 정비할 수 있다. 3. 드라이브라인 및 동력배분 장치를 정비할 수 있다.

과목명	주요 항목	세부 항목	세세 항목
자동차 정비 작업	2. 새시정비	2. 조향 및 현가장치 정비하기	1. 조향장치를 정비할 수 있다. 2. 차륜 정렬 상태를 정비할 수 있다. 3. 현가장치를 정비할 수 있다. 4. 전자제어 현가장치를 정비할 수 있다.
		3. 제동 및 주행장치 정비하기	1. 제동장치를 정비할 수 있다. 2. 전자제어 제동장치를 정비할 수 있다. 3. 주행장치 및 타이어를 정비할 수 있다.
	3. 전기장치 정비	1. 엔진 관련 전기장치 정비하기	1. 시동장치 및 회로를 정비할 수 있다. 2. 점화장치 및 회로를 정비할 수 있다. 3. 충전장치 및 회로를 정비할 수 있다.
		2. 차체 관련 전기장치 정비하기	1. 등화회로 및 계기장치를 정비할 수 있다. 2. 공기조화장치 및 회로를 정비할 수 있다. 3. 각종 편의 및 보안장치를 정비할 수 있다.

작업형 안별 분류

파트별		실습 안	1안	2안	3안	4안	5안	6안	7안
엔진	1	엔진 분해조립	디젤 실린더헤드, 노즐	가솔린 실린더 헤드/ 밸브 스프링	워터펌프 (디젤)/ 라디에이터 캡	가솔린 DOHC/ 타이밍벨트/ 캠축	디젤엔진 크랭크축	가솔린 엔진 크랭크축	가솔린 DOHC 실린더 헤드
		측정/답안 작성	노즐 압력	밸브 스프링 장력	라디에이터 압력식 캡	캠높이	크랭크축 휨	크랭크축 마모량	실린더 헤드 변형
	2	회로점검 수리 및 시동	점화회로	연료회로	시동회로	점화회로	연료회로	시동회로	점화회로
	3	부품 탈거 및 부착, 자기진단	ISC 서보	가솔린 인젝터	AFS	CRDI 연료압력 조절밸브	CRDI 예열플러그	스로틀 보디	점화플러그 배선
	4	엔진 검사	디젤 매연	가솔린 배기가스	디젤매연	가솔린 배기가스	디젤매연	가솔린 배기가스	디젤매연
새시	1	부품 탈거 및 부착	전륜 쇼크업소버, 스프링	허브, 너클	타이어 탈착	로어암	등속 축	범퍼 (앞 또는 뒤)	후진아이들 기어
	2	점검, 답안 작성	캠버, 캐스터	캠버, 캐스터	입력축 앤드 플레이(MT)	조향 휠 유격	타이어 탈거, 휠 밸런스	주차 레버 클릭스	디스크 (두께, 런아웃)
	3	부품 탈거, 부착, 작동 상태 확인	브레이크 패드	브레이크 라이닝	릴리스 실린더/ 공기빼기	브레이크 캘리퍼	타이 로드 엔드	오일펌프 (PS)	타이로드 엔드
	4	작동 점검, 답안 작성	인히비터 스위치	A/T자기 진단	ECS 자기진단	ABS 자기진단	A/T 자기진단	A/T 자기진단	A/T 오일 압력 점검
	5	새시 검사	제동력	최소회전 반경	제동력	최소회전 반경	제동력	최소회전 반경	제동력
전기	1	부품 탈거, 부착, 작동 확인	와이퍼모터	발전기/벨트	DOHC 점화플러그, 케이블/시동	기동 모터/ 크랭킹	에어컨 냉매 충전	다기능 스위치/ 작동 확인	경음기 릴레이/ 작동 확인
	2	작동 상태 점검, 답안 작성	크랭킹 전류	점화코일 1, 2차 저항	발전기 충전 전류, 전압 점검	메인 컨트롤 릴레이	ISC밸브 듀티값	급속 충전 후 축전지 비중 및 전압	에어컨 라인 압력 측정
	3	회로 점검, 답안 작성	미등 및 번호등 회로	전조등 회로	와이퍼 회로	방향지시등 회로	경음기 회로	기동 및 점화회로	전동팬 회로
	4	전기 검사	전조등	경음기	전조등	경음기	전조등	경음기	전조등

8안	9안	10안	11안	12안	13안	14안	15안
가솔린 에어 클리너, 점화 플러그	가솔린 엔진 크랭크축	크랭크축 오일 간극 측정	가솔린 DOHC 실린더 헤드	디젤엔진 크랭크축	CRDI 인젝터, 예열플러그	DOHC 실린더헤드, 피스톤	DOHC 실린더헤드, 피스톤
압축압력 시험	크랭크축 방향 유격	크랭크축 메인 베어링 간극	캠축 휨	플라이 휠 런아웃	예열 플러그 저항	실린더 간극	피스톤 링 이음 간극
연료회로	시동회로	점화회로	연료회로	시동회로	점화회로	연료회로	시동회로
LPG 점화코일	LPG 맵 센서	가솔린 연료펌프	가솔린 연료펌프	가솔린 연료펌프	AFS, 에어 클리너	AFS, 에어 클리너	AFS, 에어 클리너
가솔린 배기가스	디젤매연	가솔린 배기가스	디젤매연	가솔린 배기가스	디젤매연	디젤매연	가솔린 배기가스
액슬 축(후륜)	후륜 쇼크업소버	A/T 오일필터, 유온센서	추진축	FR 차동기어	A/T 오일펌프	M/T 1단 기어	A/T 밸브 바디
A/T 오일 점검	종감속 기어 백래시	브레이크 페달 유격/ 작동거리	토(toe)	클러치 페달 유격	사이드 슬립	ABS톤휠간극	A/T 오일 점검
브레이크 캘리퍼	휠 실린더/ 공기빼기	브레이크 라이닝	브레이크 패드	휠 실린더/ 공기빼기	브레이크 패드	휠 실린더/ 공기빼기	릴리스 실린더/ 공기빼기
인히비터 스위치	ABS 자기진단	ECS 자기진단	ABS 자기진단	ABS 자기진단	A/T 오일압력점검	ABS 자기진단	ECS 자기진단
최소회전 반경	제동력	최소회전 반경	제동력	최소회전 반경	제동력	최소회전 반경	제동력
윈도 레귤레이터	전조등/ 조사 방향	에어컨 필터	전동팬	발전기 탈거	히터 블로어 모터	에어컨 벨트	계기판
급속 충전 후 축전지 비중 및 전압	발전기 충전전류, 전압 점검	인젝터 코일 저항	크랭킹 전압	스텝 모터 저항	스텝 모터 저항	메인 컨트롤 릴레이	점화코일 1, 2차 저항
충전회로	에어컨 회로	점화회로	제동 및 미등 회로	실내등, 열선회로	방향지시등 회로	와이퍼 회로	파워 윈도 회로
경음기	전조등	경음기	전조등	경음기	전조등	경음기	전조등

차 례

제1편 엔진

제3장 | 부품 탈거, 부착

제4장 | 엔진 검사

제2편 새시

제1장 | 부품 탈거 및 부착

차 례

제3편 전기

제3장 | 회로점검, 답안 작성

제4장 | 전기 검사

제4편 과년도 기출문제

Craftsman Motor
Vehicles Maintenance

자동차정비기능사 실기

01

엔진

1-1 엔진 분해 조립

1) 가솔린 DOHC 실린더헤드 분해 조립

▲ 쏘나타 DOHC 엔진

❶ 작업할 EF 쏘나타(DOHC) 엔진을 준비한다.

❷ 로커암 커버와 실린더 헤드를 탈거한다.
(외곽에서 안쪽으로 토크를 2~3회 나누어 볼트
를 푼다.)

❸ 탈거한 실린더 헤드와 블록의 면을 육안점검한다.

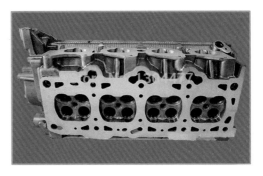

❹ 실린더 헤드와 블록의 개스킷 접촉면을 깨끗이 청
소한다.

❺ 실린더 헤드를 장착한 후 안쪽에서 외곽을 향해
대각선 방향으로 볼트를 장착한다.

❻ 각도법 토크를 사용한다.(실린더 블록 등 전부 그대
로 사용할 경우 : 2kgf · m + 90° + 90°)

❼ 상기 부품 중 어느 것이라도 교환하는 경우
  : 6.4kgf · m + 0(볼트를 푼다) + 2kgf · m +
    90° + 90°

❽ 조립을 완료한 후 감독위원에게 확인을 받는다.

2) 가솔린 DOHC 밸브 스프링 분해 조립

❶ 실린더 헤드의 캠 샤프트를 탈거하여 작업을 준비한다.

❷ 캠 샤프트 캡과 롤러를 정렬하여 놓는다.

❸ DOHC 전용 밸브 스프링 컴프레서를 준비한다.

❹ 밸브 스프링 컴프레서를 헤드에 장착한 후 스프링을 압축한다.

❺ 밸브 스프링 코터 핀을 막대자석으로 탈취한다.

❻ 밸브 스프링과 리테이너, 밸브스템 오일 실을 탈거한다.

❼ 탈거한 밸브 스프링과 리테이너, 밸브스템 오일 실을 확인받는다.

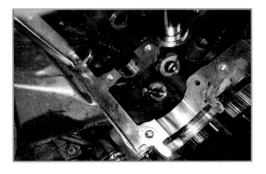

❽ 밸브스템 오일 실은 신품으로 교환하여 오일을 발라서 삽입한다.

⑨ 밸브 스템 실이 리테이너 바닥에 눌리지 않도록
주의하면서 밸브 스프링 컴프레서를 사용하여 스
프링을 압축한 후 코터 핀을 삽입한다.

⑩ 조립을 완료한 후 감독위원에게 확인을 받는다.

3) 가솔린 SOHC 밸브 스프링 분해 조립

❶ 실린더 헤드와 전용공구를 준비한다.

❷ 밸브 스프링 컴프레서로 스프링을 압축한다.

❸ 밸브 스프링 코터 핀을 막대자석으로 탈취한다.

❹ 코터 핀을 정렬하여 놓는다.

⑤ 밸브 스프링 압착작업을 종료한다.

⑥ 밸브 스프링과 리테이너를 탈거한다.

⑦ 전용 플라이어로 오일 실을 탈거한다.

⑧ 탈거한 오일 실은 재사용하지 않는다.

⑨ 오일 실이 들어갈 부분에 오일을 바른다.

⑩ 신품의 오일 실을 삽입한다.

⓫ 밸브스프링과 리테이너를 삽입한다.

⓬ 밸브 스프링 컴프레서로 스프링을 압축한다.

⓭ 밸브 스프링 코터 핀을 끼운다.

⓮ 코터 핀 2개가 장착되었으면 컴프레서를 제거한다.

⓯ 고무해머로 가볍게 밸브스프링을 두들겨 정렬시
킨다.

⓰ 주변을 정리하고 시험위원한테 확인받는다.

4) 가솔린 DOHC 타이밍 벨트 분해 조립

❶ 크랭크샤프트 풀리, 워터펌프 풀리와 구동벨트를
탈거한다.

❷ 타이밍 커버를 탈거한다.

❸ 오토 텐셔너를 탈거한다.

❹ 타이밍 벨트를 탈거한다.

❺ 오토 텐셔너를 바이스에 물려서 압축한다.

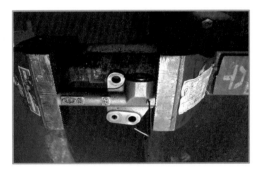

❻ 압축한 오토 텐셔너를 핀으로 고정한다.

❼ 타이밍 벨트 조립 전, 캠 샤프트의 타이밍 마크를
확인한다.

❽ 크랭크 샤프트와 밸런스 샤프트 풀리의 타이밍마
크 확인한다.

❾ 특수 공구를 캠 샤프트기어에 설치한다.

❿ 타이밍 벨트를 결합한다.

⓫ 오토 텐셔너를 장착한다.

⓬ 크랭크 샤프트를 2회전시킨 후 최종적으로 타이
밍 마크를 확인한다.

⑬ 오토 텐셔너 핀을 제거한다.

⑭ 타이밍 커버를 부착한다.

⑮ 크랭크샤프트 풀리, 워터펌프 풀리와 구동벨트를
부착한다.

⑯ 조립 완료 후 검사를 받는다.

5) 가솔린 DOHC 캠 샤프트 분해 조립

❶ 헤드 커버를 탈거한다.

❷ 캠샤프트 베어링을 대각선 방향으로 푼다.

❸ 캠샤프트 베어링과 캠 샤프트를 탈거한다.

❹ 탈거한 캠 샤프트를 확인받고 다시 장착한다.

❺ 캠샤프트 베어링 캡 볼트를 조립한다.

❻ 안에서 밖으로 대각선 방향으로 조립한다.

➐ 헤드 커버를 조립한다.

➑ 조립 완료 후 검사를 받는다.

6) 가솔린 DOHC 피스톤, 크랭크 샤프트 분해 조립

❶ 배기 다기관과 흡기 다기관을 분해한다.

❷ 실린더 헤드와 오일펜을 분해한다.

❸ 오일 스트레이너 볼트를 풀어 분해한다.

❹ 커넥팅 로드 베어링 캡볼트를 풀어 탈거한다.

❺ 피스톤을 분해한 후 손으로 받아낸다.

❻ 피스톤을 정렬시킨 후 검사를 받는다.

❼ 프런트 케이스에 있는 풀리, 텐셔너, 워터펌프 등을 모두 분해한다.

❽ 크랭크 샤프트 베어링 캡볼트를 푼다.

❾ 크랭크 샤프트 베어링 캡볼트와 프런트 케이스를 탈거한다.

❿ 리테이너 실을 탈거한다.

⓫ 크랭크 샤프트를 탈거하여 점검한 후 조립한다.

⑫ 리테이너 실과 프런트 케이스를 결합한다.

⑬ 크랭크샤프트 베어링 캡볼트를 규정 토크에 맞춰서 결합한다.(6.5~7.0kg · m)

⑭ 피스톤을 링 압축기를 이용하여 조립하고, 커넥팅로드 캡볼트를 결합한다.

⑮ 커넥팅 로드 캡볼트의 토크가 5.0~5.3kg · m이므로
맞춰서 볼트를 조인다.

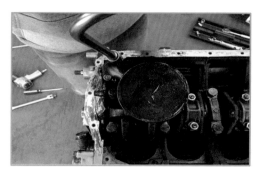

⑯ 오일 스트레이너를 결합한다.

⑰ 오일 팬과 실린더 헤드를 조립한다.

⑱ 프런트 케이스의 풀리, 텐셔너, 워터펌프 등을 모두 조립한다.

⑲ 흡기 다기관과 배기 다기관을 결합한다.

7) 가솔린 DOHC 에어클리너, 점화 플러그 탈·부착

❶ 보닛을 열고 위치를 확인한다.

❷ 에어클리너 고정클립을 풀어준다.

❸ 에어클리너 덮개를 열어준다.

❹ 에어클리너를 탈거한 후 확인받는다.

❺ 에어클리너를 삽입한 후 덮개를 닫아준다.

❻ 에어클리너 덮개를 클립으로 잠근다.

❼ 감독위원에게 확인받는다.

❽ 시동용 기관을 확인한다.

❾ 고압케이블을 탈거한다.

❿ 플러그 렌치를 사용해 플러그를 탈거한다.

⑪ 탈거한 플러그를 확인받는다.

⑫ 스파크 플러그를 플러그 렌치에 체결하고 나사산에 맞춰서 천천히 조립한다.

⑬ 점화케이블을 점화순서에 맞게 조립한다.

⑭ 고압케이블을 조립한 후 확인받는다.

8) 가솔린 DOHC 워터펌프 분해 조립

❶ 워터펌프 위치를 확인한다.

❷ 워터펌프 볼트를 푼다.

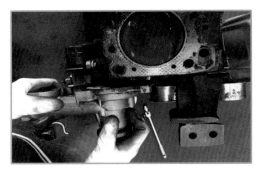

❸ 워터펌프를 탈거한다.

❹ 탈거한 워터펌프를 확인받는다.

❺ 워터펌프를 부착한다.

❻ 워터펌프를 부착한 후 확인받는다.

9) CRDI 인젝터 탈 · 부착

❶ 인젝터 커넥터를 분리한다.

❷ 연료 리턴호스 고정키를 탈거한다.

❸ 고압 연료 파이프를 탈거한다.

❹ 인젝터 고정볼트 플러그를 제거한다.

❺ 인젝터 고정볼트를 별렌치로 탈거한다.

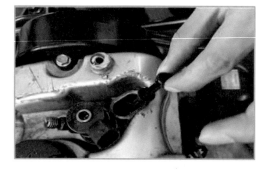

❻ 고정볼트를 자석을 이용하여 들어낸다.

❼ 인젝터를 탈거하여 확인받는다.

❽ 인젝터를 장착한다(고정 지그 밀어 맞춤).

❾ 고정볼트를 홈에 넣고 조립한다.

❿ 별렌치로 인젝터를 조립한다.

⓫ 인젝터 홈 플러그를 고정시킨다.

⓬ 연료 리턴 파이프, 키, 커넥터를 체결한 후 확인받는다.

1-2-1 실린더 헤드 변형도 측정

❶ 실린더 헤드 개스킷 접촉면을 깨끗이 닦는다.

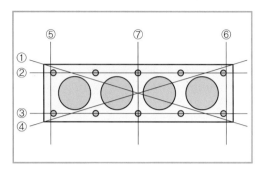

❷ 곧은 자를 세워 실린더 헤드면에 7~8군데 접촉시켜 틈새를 필러 게이지로 측정한다.

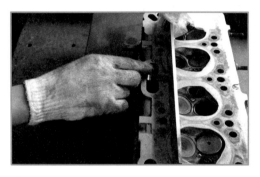

❸ 이때 게이지의 수치가 가장 큰 것이 측정값이다.

❹ 곧은 자를 누르지 말고 세워둔 상태에서 측정한다.

✍ 답안지 작성

항목	측정(또는 점검)		판정 및 정비(또는 조치) 사항		득점
	측정값	규정(정비한계)값	판정(□에 '✔' 표)	정비 및 조치 사항	
실린더 헤드 변형도	0.04mm	0.05mm 이하	☑ 양 호 □ 불 량	정비 및 조치 사항 없음	

※ 단위가 누락되거나 틀린 경우는 오답으로 채점한다.

🗒 답안지 작성 요령

1) 측정
   ① **측정값** : 측정한 실린더 헤드 변형도 0.04mm를 기록한다.
   ② **규정(정비한계)값** : 정비지침서를 확인해서 0.04mm 이하를 기록한다.

2) 판정 및 정비(또는 조치) 사항
   ① **판정** : 측정한 값이 규정(정비한계)값 이내이므로 양호에 '✔' 표시를 한다.
   ② **정비 및 조치 사항** : 정비 및 조치 사항 없음을 기록한다.

▼ 실린더 헤드 변형도 규정값

차종		규정값	한계값	비고
아반떼	1.5, 1.8 DOHC	0.05mm 이하	0.1mm 이하	
쏘나타 Ⅱ, Ⅲ	1.8, 2.0 DOHC	0.05mm 이하	0.2mm 이하	
카렌스	2.0 LPG, CRDI	0.03mm 이하		

1-2-2 밸브 스프링 장력 측정

❶ 밸브 스프링 장력시험기의 압축길이(자)와 스프링 저울을 확인한다.

❷ 밸브 스프링을 장력시험기에 장착한다.

❸ 밸브 스프링 장력 시험기의 레버를 당겨서 규정값 40mm로 압축한다.

❹ 장력이 27 → 25kgf(15%) 이상이므로 양호하다.

✏️ 답안지 작성

항목	측정(또는 점검)		판정 및 정비(또는 조치) 사항		득점
	측정값	규정(정비한계)값	판정(□에 '✔' 표)	정비 및 조치 사항	
밸브 스프링 장력	24kgf/40mm	25.3kgf/40mm	☑ 양 호 □ 불 량	정비 및 조치 사항 없음	

※ 단위가 누락되거나 틀린 경우 오답으로 채점한다(한계값 : 규정장력 25.3÷1.15(15%) = 22kgf).

☷ 답안지 작성 요령

1) 측정
① **측정값** : 수검자가 측정한 밸브 스프링 장력값 24kgf/40mm을 기록한다.
② **규정(정비한계)값** : 정비지침서를 확인해서 기록하거나 시험위원이 제시한 값 25.3kgf/40mm를 기록한다.

2) 판정 및 정비(또는 조치) 사항
① **판정** : 수검자가 측정한 값이 규정(정비한계)값 이내이므로 양호에 '✔' 표시를 한다.
② **정비 및 조치 사항** : 판정이 양호하므로 정비 및 조치 사항 없음을 기록한다.

※ 판정이 불량일 때 정비 및 조치 사항 → 밸브 스프링 교환

▼ 밸브 스프링 장력 규정값

차종	자유높이(한계값)	규정값	한계값
EF 쏘나타	45.82mm	25.3kgf/40.0mm	
아반떼 XD	44.0mm	21.6kgf/35.0mm	규정 장력의 15% 이내
베르나	42.03mm	24.7kgf/34.5mm	

1-2-3 캠 높이 측정

❶ 측정 부위를 청결하게 닦는다.

❷ 마이크로미터의 영점을 조정한다.

❸ 마이크로 미터를 캠 높이 부분에 일직선으로 측정
한다.

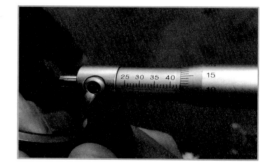

❹ 마이크로 미터에 측정된 눈금을 읽는다.

✍ 답안지 작성

항목	측정(또는 점검)		판정 및 정비(또는 조치) 사항		득점
	측정값	규정(정비한계)값	판정(□에 '✔' 표)	정비 및 조치 사항	
캠 높이	44.09mm	44.525mm 이내	☑ 양 호 □ 불 량	정비 및 조치 사항 없음	

🗒 답안지 작성 요령

1) 측정
① **측정값** : 수검자가 측정한 캠 샤프트의 높이값 44.09mm를 기록한다.
② **규정(정비한계)값** : 정비지침서를 확인해서 기록하거나 시험위원이 제시한 값 44.525mm
　　이내를 기록한다.

2) 판정 및 정비(또는 조치) 사항
① **판정** : 수검자가 측정한 값이 규정(정비한계)값 이내이므로 양호에 '✔' 표시를 한다.
② **정비 및 조치 사항** : 판정이 양호하므로 정비 및 조치 사항 없음을 기록한다.

▼ 캠 샤프트 캠 높이 규정(한계)값

차종	규정값	한계값	비고
EF 쏘나타	• 흡기 35.493±0.1 • 배기 35.317±0.1	–	규정 장력의 15% 이내
쏘나타 Ⅱ, Ⅲ	• 흡기 44.525 • 배기 44.525	• 흡기 42.7484 • 배기 43.3489	

▲ 양정

▲ 기초원

▲ 캠 높이

캠 샤프트 휨 측정

❶ 정반 위에 V−블록 및 캠 샤프트를 그림과 같이
   설치한다.

❷ 다이얼 게이지 지침이 2~5mm 정도 눌러지도록
   3번 메인 저널에 직각으로 설치한다.

❸ 캠 샤프트를 천천히 1회전시킨다.

❹ 측정값은 다이얼 게이지 지침의 흔들림 값의 1/2
   이다.(0.10~0.40mm 사이에서 지침이 움직였다
   면 측정값은 0.15mm)

✐ 답안지 작성

항목	측정(또는 점검)		판정 및 정비(또는 조치) 사항		득점
	측정값	규정(정비한계)값	판정(□에 '✔' 표)	정비 및 조치 사항	
캠 샤프트 휨	0.15mm	0.02mm 이하	□ 양 호 ☑ 불 량	캠 샤프트 교환	

▤ 답안지 작성 요령

1) 측정
   ① **측정값** : 수검자가 측정한 캠축의 휨값 0.15mm를 기록한다.
   ② **규정(정비한계)값** : 정비지침서를 확인해서 0.02mm 이하라고 기록한다.

2) 판정 및 정비(또는 조치) 사항
   ① **판정** : 수검자가 측정한 값이 규정(정비한계)값을 벗어났으므로 불량에 '✔' 표시를 한다.
   ② **정비 및 조치 사항** : 판정이 불량이므로 캠 샤프트 교환을 기록한다.

크랭크 샤프트 휨 측정

❶ 정반 위에 V–블록 및 크랭크 샤프트를 설치한다.

❷ 다이얼 게이지를 크랭크 샤프트 3번 메인 저널에 직각으로, 지침이 2~5mm 정도 눌러지도록, 중앙의 오일 구멍을 피해서 설치한다.

❸ 크랭크 샤프트를 천천히 1회전시킨다.

❹ 측정값은 다이얼 게이지 지침의 흔들림값의 1/2 이다. (2.33~2.37mm 사이에서 지침이 움직였다면 측정값은 0.02mm)

✏️ 답안지 작성

항목	측정(또는 점검)		판정 및 정비(또는 조치) 사항		득점
	측정값	규정(정비한계)값	판정(□에 '✔' 표)	정비 및 조치 사항	
크랭크 샤프트 휨	0.02mm	0.03mm 이내	☑ 양 호 □ 불 량	정비 및 조치사항 없음	

☰ 답안지 작성 요령

1) 측정
① **측정값** : 수검자가 측정한 크랭크 샤프트값 0.02mm를 기록한다.
② **규정(정비한계)값** : 정비지침서를 확인해서 기록하거나 시험위원이 제시한 값으로 기록한다.

2) 판정 및 정비(또는 조치) 사항
① **판정** : 수검자가 측정한 값이 규정(정비한계)값 이내이므로 양호에 '✔' 표시를 한다.
② **정비 및 조치 사항** : 판정이 양호이므로 정비 및 조치 사항 없음을 기록한다.

▼ 크랭크 샤프트 휨 규정(한계)값

차종	규정값	비고
쏘나타 Ⅱ, Ⅲ	0.03mm 이내	
EF 쏘나타	0.03mm 이내	

크랭크 샤프트 마모량 측정

❶ 측정할 크랭크 샤프트(1~5번) 메인 저널을 확인하고 깨끗이 닦는다.

❷ 측정을 위해 마이크로미터를 영점으로 맞춘다. 5군데의 저널 외경을 측정하여 최소외경 저널을 선택한다.

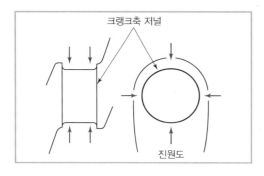

❸ 저널 외경을 4군데 측정하여 최소외경을 측정값으로 한다.

❹ 마이크로미터의 클램프를 앞으로 당겨 고정한 후 측정값을 읽는다.

항목	측정(또는 점검)		판정 및 정비(또는 조치) 사항		득점
	측정값	규정(정비한계)값	판정(□에 '✔' 표)	정비 및 조치 사항	
①번 크랭크 샤프트 저널 외경	56.97mm (0.03mm)	57.00mm (0.015mm)	□ 양 호 ☑ 불 량	크랭크 샤프트 연마 수리	

▤ 답안지 작성 요령

1) 측정
  ① 측정값 : 측정한 ①번 크랭크 샤프트 저널 외경을 측정한 값 56.97mm를 기록한다.
  ② 규정(정비한계)값 : 정비지침서를 확인해서 기록하거나 시험위원이 제시한 값으로 기록한다.

2) 판정 및 정비(또는 조치) 사항
  ① 판정 : 수검자가 측정한 값이 규정(정비한계)값을 벗어났으므로 불량에 '✔' 표시를 한다.
  ② 정비 및 조치 사항 : 판정이 불량이므로 크랭크 샤프트 연마 수리를 기록한다.

▼ 크랭크 샤프트 마모량 규정(한계)값

차종	메인 저널 규정값	마모량 기준값	비고
쏘나타 II, III	56.982 ~ 57.000mm	0.015mm 이하	
EF 쏘나타	56.982 ~ 57.000mm	0.015mm 이하	

▼ 크랭크 언더 사이즈 한계값

저널 지름	수정 한계값	비고
50mm 이상	1.50mm	0.25, 0.50, 0.75, 1.00, 1.25, 1.50mm
50mm 이하	1.00mm	0.25, 0.50, 0.75, 1.00mm

❶ 측정할 크랭크 샤프트 암에 다이얼 게이지를 직각으로 설치한다.

❷ 프라이바(Pry bar)를 이용하여 크랭크 샤프트를 앞쪽으로 힘껏 밀어준다.

❸ 다이얼게이지를 영점 조정하고 뒤쪽으로 힘껏 밀어 다이얼게이지 눈금을 확인한다.

❹ 측정된 다이얼게이지 최대값이 측정값이다.

✎ 답안지 작성

항목	측정(또는 점검)		판정 및 정비(또는 조치) 사항		득점
	측정값	규정(정비한계)값	판정(□에 '✔' 표)	정비 및 조치 사항	
크랭크 샤프트 방향 유격	0.1mm	0.05~0.25mm	☑ 양 호 □ 불 량	정비 및 조치 사항 없음	

🗐 답안지 작성 요령

1) 측정
   ① **측정값** : 수검자가 측정한 크랭크 샤프트 방향 유격값 0.1mm를 기록한다.
   ② **규정(정비한계)값** : 정비지침서를 확인해서 기록하거나 시험위원이 제시한 값으로 기록한다.

2) 판정 및 정비(또는 조치) 사항
   ① **판정** : 수검자가 측정한 값이 규정(정비한계)값 이내이므로 양호에 '✔' 표시를 한다.
   ② **정비 및 조치 사항** : 판정이 양호이므로 정비 및 조치사항 없음을 기록한다.

▼ 축 방향 유격 규정(한계)값

차종	규정값	한계값	비고
쏘나타 II, III	0.05~0.18mm	0.25mm	
FF 쏘나타	0.05~0.25mm		

크랭크 샤프트 오일 간극 측정

❶ 기관을 분해하여 크랭크 샤프트를 들어내고 측정하고자 하는 메인 저널 캡, 베어링, 축을 깨끗이 닦아낸다.

❷ 크랭크 샤프트를 설치한 후 축방향으로 플라스틱 게이지를 잘라서 올려놓는다.

❸ 메인 저널 캡을 규정토크(6.5~7.0kg · m)로 조인 후 다시 풀어낸다.

❹ 크랭크 샤프트에 압착되어 가장 넓어진 플라스틱 게이지를 측정한다.(0.028 mm)

✎ 답안지 작성

항목	측정(또는 점검)		판정 및 정비(또는 조치) 사항		득점
	측정값	규정(정비한계)값	판정(□에 '✔' 표)	정비 및 조치 사항	
크랭크 샤프트 오일 간극	0.028mm	0.018~0.036mm	☑ 양 호 □ 불 량	정비 및 조치 사항 없음	

☰ 답안지 작성 요령

1) 측정
  ① **측정값** : 수검자가 측정한 크랭크 샤프트 오일 간극값 0.028mm를 기록한다.
  ② **규정(정비한계)값** : 정비지침서를 확인해서 0.018 ~ 0.036mm를 기록한다.

2) 판정 및 정비(또는 조치) 사항
  ① **판정** : 수검자가 측정한 값이 규정(정비한계)값 이내이므로 양호에 '✔' 표시를 한다.
  ② **정비 및 조치 사항** : 판정이 양호이므로 정비 및 조치 사항 없음을 기록한다.

▼ 크랭크 샤프트 오일 간극 규정(한계)값

차종	규정값		한계값	비고
쏘나타 Ⅱ, Ⅲ	0.02~0.05mm			
EF 쏘나타(2.0)	3번 저널	0.024~0.042mm		
	1, 2, 4, 5번 저널	0.018~0.036 mm		

1-2-9 실린더 간극 측정

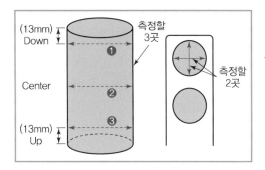

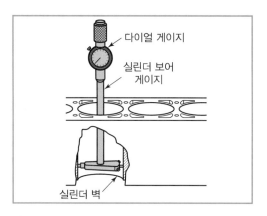

❶ 실린더 보어게이지를 내경보다 1mm 큰 것을 선택
하여 그림과 같이 실린더에 삽입한다.

❷ 크랭크 샤프트 회전방향과 축방향의 상, 중, 하 6
군데를 측정하여 최소부위를 측정한다.

❸ 실린더 보어게이지를 측정할 실린더에 넣고 실린
더 내경을 측정한다.

❹ 실린더 보어게이지를 앞뒤로 움직여 실린더 최소
부위를 측정한다.

❺ 측정할 마이크로미터의 0점을 조정한다.

❻ 지시된 실린더 보어게이지를 마이크로미터로 측정한다.

❼ 실린더 내경값을 확인한다.(86.96mm)

❽ 피스톤 스커트부 외경을 측정한다.

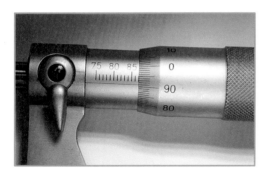

❾ 피스톤 외경 측정값을 확인한다.(86.93mm)

실린더 내경 86.96
− 피스톤 외경 86.93
실린더 간극　0.03

❿ 실린더 간극을 계산한다.

✏️ 답안지 작성

항목	측정(또는 점검)		판정 및 정비(또는 조치) 사항		득점
	측정값	규정(정비한계)값	판정(□에 '✔' 표)	정비 및 조치 사항	
실린더 간극	0.03mm	0.02~0.03mm (0.15mm)	☑ 양 호 □ 불 량	정비 및 조치 사항 없음	

🔲 답안지 작성 요령

1) 측정
　① **측정값** : 수검자가 측정한 실린더 간극값 0.03mm를 기록한다.
　② **규정(정비한계)값** : 정비지침서를 확인해서 0.02~0.03mm(0.15mm)를 기록한다.

2) 판정 및 정비(또는 조치) 사항
　① **판정** : 수검자가 측정한 값이 규정(정비한계)값 이내이므로 양호에 '✔' 표시를 한다.
　② **정비 및 조치 사항** : 판정이 양호이므로 정비 및 조치 사항 없음을 기록한다.

▼ 실린더 간극 규정(한계)값

차종	규정값	한계값	비고
쏘나타 Ⅱ, Ⅲ	0.01~0.03mm	0.15mm	
EF 쏘나타	0.02~0.03mm	0.15mm	

1-2-10 피스톤 링 앤드 갭 측정

❶ 피스톤 링 앤드 갭을 측정할 실린더를 깨끗이 닦고 피스톤 링을 삽입한다.

❷ 피스톤을 이용해 피스톤 링이 실린더 최상단에 위치하도록 평행을 맞춘다.

❸ 필러게이지로 앤드 갭을 측정한다.

❹ 측정값을 읽는다.

✎ 답안지 작성

항목	측정(또는 점검)		판정 및 정비(또는 조치) 사항		득점
	측정값	규정(정비한계)값	판정(□에 '✔' 표)	정비 및 조치 사항	
피스톤 링 앤드 갭	1번 압축링 0.25mm	0.20~0.35mm (1.00mm)	☑ 양 호 □ 불 량	정비 및 조치 사항 없음	

▤ 답안지 작성 요령

1) 측정
① **측정값** : 피스톤 링 앤드 갭을 측정한 값 0.25mm를 기록한다.
② **규정(정비한계)값** : 정비지침서를 확인해서 0.20~0.35mm(1.00mm)를 기록한다.

2) 판정 및 정비(또는 조치) 사항
① **판정** : 수검자가 측정한 값이 규정(정비한계)값 이내이므로 양호에 표시를 한다.
② **정비 및 조치 사항** : 판정이 양호이므로 정비 및 조치 사항 없음을 기록한다.

▼ 피스톤 링 앤드 갭 규정(한계)값

차종	규정값	한계값	비고
쏘나타 Ⅱ, Ⅲ	• 1번 : 0.25~0.40mm • 2번 : 0.35~0.50mm • 3번 : 0.20~0.70mm	0.80mm	• 1, 2번 : 압축링 • 3번 : 오일 링
EF 쏘나타	• 1번 : 0.20~0.35mm • 2번 : 0.40~0.55mm • 3번 : 0.20~0.70mm	1.00mm	

NOTE

피스톤 링

피스톤 링은 보통 3개의 링이 사용되며, 피스톤 헤드에 가까운 쪽 2개를 압축 링, 스커트에 가까운 쪽 링을 오일 링이라고 한다. 위의 압축 링으로 가스의 밀봉을, 아래에 있는 오일 링으로 오일을 긁어내리고, 한가운데의 압축 링(Second Ring)으로 완전하게 밀봉함과 동시에 유막의 두께를 조정한다.

피스톤 링은 실린더와 벽의 밀착을 위하여 링의 한쪽을 절개한다. 또한 이 절개구는 링 장착 후 연소열에 의한 링 팽창을 고려하여 적정한 간극을 유지하여야 한다. 만약 간극이 규정값 이상이면 압축 압력 저하, 블로바이가스 발생 연소실에 엔진오일 유입, 피스톤 슬랩현상 발생, 윤활유 소비량 증가 등의 원인이 된다. 간극이 규정값 이하일 경우에는 열팽창으로 링의 변형과 소손, 실린더와 피스톤 사이에서 고착, 소결 현상 등이 발생할 수 있다.

피스톤 링 앤드 갭 측정공구 : 필러게이지

1. 측정방법
   - 피스톤을 이용하여 피스톤 링을 실린더에 밀어 넣는다. 이때 평형을 맞춰준다.
   - 링 홈의 장착방향은 축 방향이나 축의 직각방향을 피하여 장착한다.
   - 피스톤 링 앤드 갭을 필러게이지로 측정한다. 이때 필러게이지의 움직임이 약간 타이트한 값을 측정값으로 한다.

2. 수정방법
   - 간극이 클 때 : 피스톤 링 교환
   - 간극이 작을 때 : 피스톤 링 앤드 가공

❶ 측정할 엔진을 확인한다.

❷ 다이얼게이지를 플라이휠에 직각으로 설치한다.

❸ 시작점을 표시한 후 크랭크 샤프트를 1회전시킨다.

❹ 크랭크 샤프트가 회전하는 동안 지침이 움직인 값을 읽는다.

✎ 답안지 작성

항목	측정(또는 점검)		판정 및 정비(또는 조치) 사항		득점
	측정값	규정(정비한계)값	판정(□에 '✔' 표)	정비 및 조치 사항	
플라이 휠 런아웃	0.05mm	0.13mm	☑ 양 호 □ 불 량	정비 및 조치 사항 없음	

🗒 답안지 작성 요령

1) 측정
   ① **측정값** : 수검자가 측정한 플라이 휠 런아웃값 0.05mm을 기록한다.
   ② **규정(정비한계)값** : 정비지침서를 확인해서 0.13mm를 기록한다.

2) 판정 및 정비(또는 조치) 사항
   ① **판정** : 수검자가 측정한 값이 규정(정비한계)값 이내이므로 양호에 '✔' 표시를 한다.
   ② **정비 및 조치 사항** : 판정이 양호이므로 정비 및 조치 사항 없음을 기록한다.

1-2-12 실린더 압축압력 측정

❶ 흡입덕트 고정클립 볼트를 풀어 흡입덕트를 엔진에서 분리한다.

❷ 점화코일 커넥터를 분리한다.

❸ 점화코일 케이블을 모두 분리한다.

❹ 스피크 플러그를 모두 탈거한다.

❺ 실린더에 압축게이지를 설치한다.

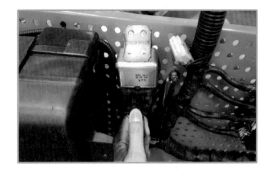

❻ 메인 컨트롤 릴레이를 탈거한다.

❼ 스로틀 밸브를 완전히 열고 크랭킹하면서 압축압
력을 측정한다.

❽ 측정된 압축압력을 판독한 후 답안을 기재한다.

📝 답안지 작성

항목	측정(또는 점검)		판정 및 정비(또는 조치) 사항		득점
	측정값	규정(정비한계)값	판정(□에 '✔' 표)	정비 및 조치 사항	
실린더 압축압력	12.5kg/cm²	12.5kg/cm² (11.5kg/cm²)	☑ 양 호 □ 불 량	정비 및 조치 사항 없음	

🗒 답안지 작성 요령

1) 측정
① **측정값** : 수검자가 측정한 2번 실린더 압축압력값 12.5kg/cm²을 기록한다.
② **규정(정비한계)값** : 정비지침서를 확인해서 기록하거나 시험위원이 제시한 값 12.5kg/cm²
(11.5kg/cm²)으로 기록한다.

2) 판정 및 정비(또는 조치) 사항
① **판정** : 수검자가 측정한 값이 규정(정비한계)값 이내이므로 양호에 '✔' 표시를 한다.
② **정비 및 조치 사항** : 판정이 양호하므로 정비 및 조치 사항 없음을 기록한다.

▼ 실린더 압축압력 규정(한계)값

차종	규정값	한계값	비고
EF 쏘나타	12.5kg/cm²	11.5kg/cm²	

1-2-13 라디에이터 캡 압력 측정

❶ 라디에이터에서 압력식 캡을 탈거한다.

❷ 압력식 캡을 시험기에 장착한다.

❸ 시험기를 규정값(0.83~1.10kg/cm^2)으로 압축한다.

❹ 압축된 캡의 압력이 10초간 유지하는지 확인한다.

✍ 답안지 작성

항목	측정(또는 점검)		판정 및 정비(또는 조치) 사항		득점
	측정값	규정(정비한계)값	판정(□에 '✔' 표)	정비 및 조치 사항	
라디에이터 캡 압력	$0.60kg/cm^2$ (10초간 유지 못함)	$0.83 \sim 1.10kg/cm^2$ (10초간 유지)	□ 양 호 ☑ 불 량	라디에이터 캡 교환	

🗂 답안지 작성 요령

1) 측정
① **측정값** : 수검자가 측정한 라디에이터 캡 압력값 $0.60kg/cm^2$(10초간 유지 못함)을 기록한다.
② **규정(정비한계)값** : 정비지침서를 확인하거나 시험위원이 제시한 값으로 기록한다.

2) 판정 및 정비(또는 조치) 사항
① **판정** : 수검자가 측정한 값이 규정(정비한계)값 이하이므로 불량에 '✔' 표시를 한다.
② **정비 및 조치 사항** : 판정이 불량이므로 라디에이터 캡 교환을 기록한다.

▼ 라디에이터 캡 압력

차종	규정(정비한계)값	비고
쏘나타 Ⅱ, Ⅲ EF 쏘나타	$0.83 \sim 1.10kg/cm^2$(10초간 유지)	

예열 플러그 저항 측정

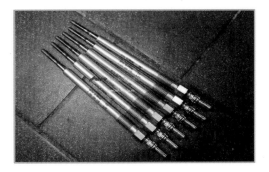

❶ 측정할 예열 플러그를 선정한다.

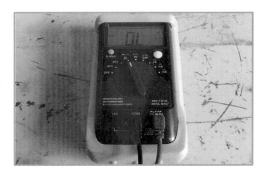

❷ 멀티미터의 선택 스위치를 저항 측정 위치에 고정한다.

❸ 예열 플러그 저항을 측정한다.

❹ 안정된 저항값을 읽는다.

✎ 답안지 작성

항목	측정(또는 점검)		판정 및 정비(또는 조치) 사항		득점
	측정값	규정(정비한계)값	판정(□에 '✔' 표)	정비 및 조치 사항	
예열 플러그 저항	0.7Ω	0.25~0.3Ω	□ 양 호 ☑ 불 량	예열 플러그 교환	

▤ 답안지 작성 요령

1) 측정
   ① **측정값** : 수검자가 측정한 예열 플러그 저항값 0.7Ω을 기록한다.
   ② **규정(정비한계)값** : 정비지침서를 확인해서 기록하거나 시험위원이 제시한 값 0.25~0.3Ω을 기록한다.

2) 판정 및 정비(또는 조치) 사항
   ① **판정** : 수검자가 측정한 값이 규정(정비한계)값을 벗어났으므로 불량에 '✔' 표시를 한다.
   ② **정비 및 조치 사항** : 판정이 불량이므로 예열 플러그 교환을 기록한다.

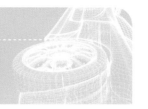

02 회로점검 수리 및 시동

엔진 2 주어진 전자제어 가솔린 기관에서 시험위원의 지시에 따라 시동에 필요한 크랭킹 회로의 고장부분 1개소를 점검 및 수리하여 시동하시오.

2-1 크랭킹 회로 점검수리 시동

배터리 전원 확인

1) 배터리 전압 확인
2) 배터리 터미널(+, −) 접촉 상태 확인
3) 시동 메인 퓨즈 점검

기동전동기 점검

1) 변속기어 중립 확인
2) 점화스위치 ON 상태 확인
3) 전원을 기동전동기 B단자와 ST단자를 배선 혹은 드라이버를 이용하여 연결한다.
   → 기동전동기 작동상태 확인

1. 시동장치 기본 점검

2. 기동전동기 작동상태 확인

엔진 시동 작업 (시동장치 점검)

3. 시동회로 점검

시동회로 점검

1) 기동전동기 ST단자 전압 확인(단선)
2) 점화스위치 점검 단자 전압 및 커넥터 탈거 상태 점검
3) 시동 릴레이 점검 전원 공급 단품 점검
4) 인히비터 스위치 점검(P, N단자)

▲ 크랭킹 회로 점검

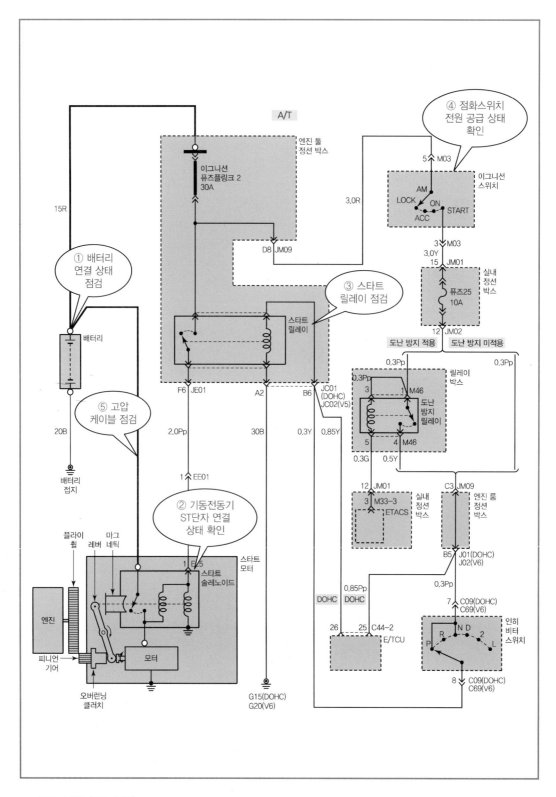

▲ 주요 부위 회로 점검

❶ 배터리 용량 및 체결 상태를 확인한다.

❷ 크랭킹 회로 점검을 위해 엔진 룸 퓨즈박스 커버를 탈거한다.

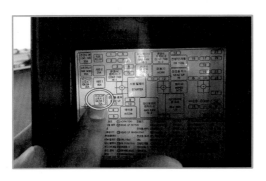

❸ 이그니션 스위치 퓨즈 위치를 확인한다.

❹ 이그니션 스위치 두 번째 퓨즈를 탈거하여 정상인지 확인한다.

❺ 멀티 테스터를 통전측정 위치로 설정한다.

❻ 멀티 테스터에서 소리가 나면 정상이다.

❼ 시동릴레이 코일을 탈거하여 점검한다.

❽ 시동릴레이 코일의 저항값이 나오면 정상이다.

❾ 메인릴레이 커넥터 연결 상태를 점검한다.

❿ 스타트모터 ST단자의 체결 상태를 점검한다.

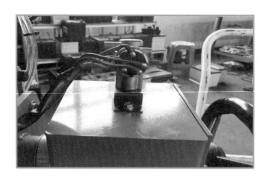

⓫ 점화 스위치 배선연결 상태를 점검한다.

⓬ 엔진 각부를 살펴보고 시동을 건다.

2-1 점화회로 점검수리 시동

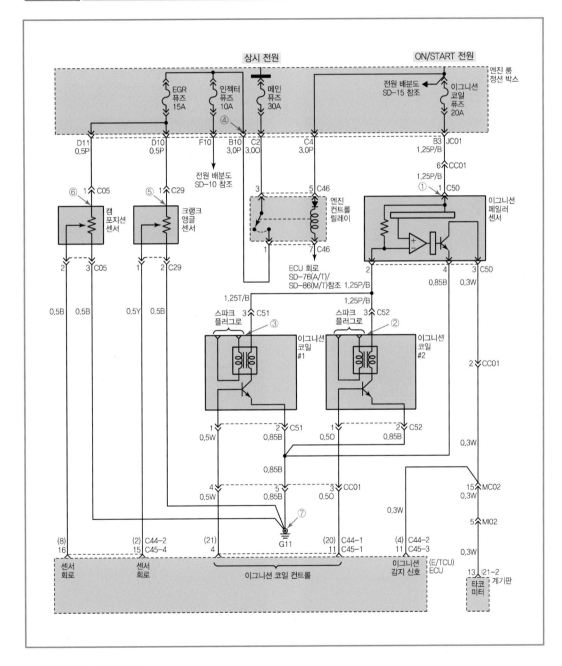

▲ 주요 부위 회로 점검

❶ 배터리 전원 및 터미널 체결 상태를 확인한다.

❷ 스타트 릴레이 및 메인 퓨즈를 점검한다.

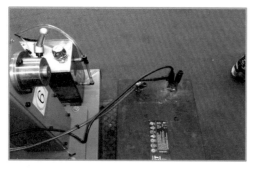

❸ 배터리 용량, 커넥터의 체결 상태를 확인한다.

❹ 정션 박스의 시동 릴레이 장착 상태를 확인한다.

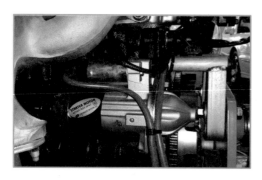

❺ 기동전동기 ST단자의 체결 상태를 점검한다.

❻ 점화코일, 고압 케이블의 체결 상태를 점검한다.

❼ 점화스위치 접촉 상태를 확인한다.

❽ 점화코일 전원공급을 확인한다.

❾ CAS단자 접촉 상태를 점검한다.

❿ ECU 커넥터 접촉 상태를 점검한다.

⓫ 인히비터 스위치 레인지를 확인한다.(P, N 레인지)

⓬ 스파크 플러그 간극과 불꽃을 확인한다.

NOTE

1. 시동장치 기본 점검
① 배터리 충전 상태 확인
② 배터리 터미널(+, −) 체결 상태 확인
③ 시동메인 퓨즈, 시동 릴레이, 전원 공급 상태 점검
④ 인히비터 스위치 점검(P, N 단자)

2. 점화회로 점검
① 점화 퓨즈 확인
② 크랭크각 센서 점검(커넥터 탈거, 센서 점검)
③ 점화코일 커넥터 전원 공급 확인
④ 점화코일 단품 점검
⑤ ECU 커넥터 탈거 확인

3. 점화 불꽃 확인
① 고압 케이블 체결 상태 점검
② 엔진 크랭킹, 고압 발생 확인

2-3 연료장치회로 점검수리 시동

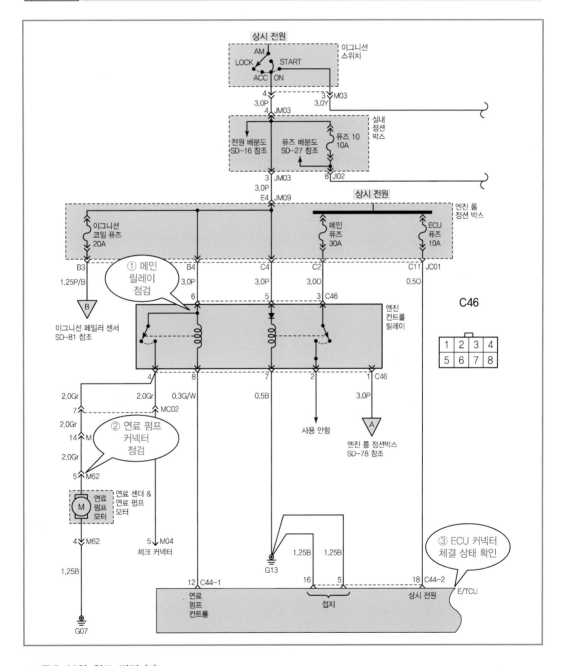

▲ 주요 부위 회로 점검 (1)

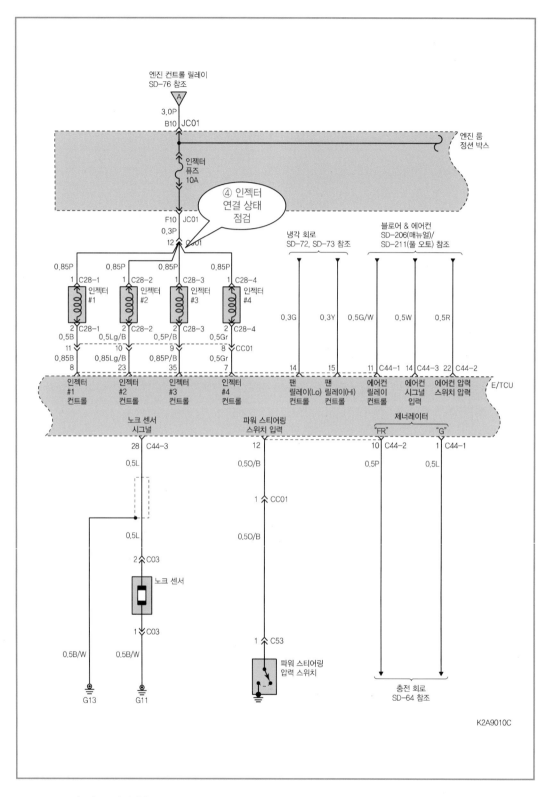

▲ 주요 부위 회로 점검 (2)

❶ 배터리 커넥터를 흔들어 체결 상태를 확인한다.

❷ 기동전동기 ST단자의 체결 상태를 확인한다.

❸ 스타트 릴레이 및 메인 퓨즈를 점검한다.

❹ 점화스위치 전원 공급 상태를 확인한다.

❺ 고압케이블 체결 순서를 확인한다.

❻ 엔진 흡기계통 기밀 상태를 확인한다.

❼ 컨트롤 릴레이 커넥터 체결 상태 및 전원 공급 상태를 확인한다.

❽ 연료펌프 커넥터 상태 및 전원 공급 상태를 확인한다.

❾ 인젝터 커넥터 체결 상태와 인젝터 저항을 점검한다.

❿ 크랭크각 센서 커넥터 체결 및 센서를 점검한다.

⓫ ECU 커넥터 체결 상태를 확인한다.

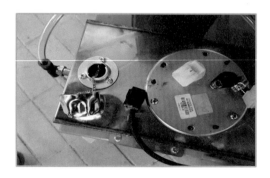

⓬ 연료탱크의 연료량과 상태를 확인 점검한다.

NOTE

① 연료장치 메인 컨트롤 릴레이 커넥터 체결 상태 및 전원 공급 상태를 확인한다.

② 연료펌프 커넥터 체결 상태 및 전원 공급 상태를 확인한다.

③ 인젝터 커넥터 체결 상태와 인젝터 저항을 점검한다.

④ ECU 커넥터의 체결 상태를 확인한다.

⑤ 연료 탱크의 연료 잔량과 연료의 이물질 여부를 확인한다.

03 부품 탈거, 부착

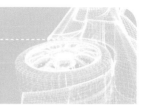

| 엔진 | **3** | 주어진 자동차에서 기관의 공회전 조절장치를 탈거(시험위원에게 확인)한 후 다시 조립하시오. |

3-1 ISC 밸브 탈·부착

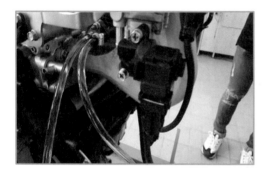

❶ ISC 밸브 위치를 확인한다.

❷ 커넥터와 고정볼트를 탈거한다.

❸ 시험위원에게 탈거한 ISC 밸브를 확인받는다.

❹ ISC 밸브를 부착하고 커넥터를 조립한 후 확인을 받는다.

공회전 조절장치란?

① 엔진 작동 상태에 따라 공전속도를 보상하는 기능을 가지며, 각종 부하스위치가 ON이 되면 ECU는 공전조절장치(ISC 서보, 스텝모터, ISC 밸브)에 구동신호를 보내 공전속도를 보상한다.

② ISC 밸브는 바이패스 통로 제어방식으로 ECU에 듀티 신호로 밸브의 열림을 조절하여 바이패스 통로를 통과하는 공기량을 부하에 알맞은 상태로 공급되도록 해 최적의 공회전을 유지하도록 한다.

▲ 전기제어 가솔린 엔진

3-2 가솔린 인젝터 탈 · 부착

❶ 연료펌프 퓨즈를 제거하고 연료잔압을 제거한다.

❷ 가솔린 인젝터 위치를 확인한다.

❸ 인젝터 커넥터를 탈거한다.

❹ 딜리버리 파이프 고정 볼트를 탈거한다.

❺ 연료압력조절기 진공호스를 탈거한다.

❻ 딜리버리 파이프를 탈거한다.

❼ 인젝터를 딜리버리 파이프에서 분리하여 확인을 받는다.

❽ 인젝터를 딜리버리 파이프에 다시 장착한다.

❾ 연료 인젝터를 정위치한다.

❿ 연료압력 조절기 진공호스를 조립한다.

⓫ 인젝터 고정 볼트를 체결한다.

⓬ 분리된 인젝터 커넥터와 연료펌프 퓨즈를 장착한 후 확인을 받는다.

3-3 AFS 탈 · 부착

❶ AFS의 위치를 확인한다.

❷ AFS 커넥터를 탈거한다.

❸ 흡입덕트를 분리하고 AFS를 탈거한다.

❹ 탈거된 AFS를 시험위원에게 확인받는다.

❺ AFS를 흡입덕트에 조립한다.

❻ AFS 커넥터를 체결하고 시험위원에게 확인받는다.

엔진 **3** 주어진 자동차에서 기관의 스로틀 보디를 탈거(시험위원에게 확인)한 후 다시 조립하시오.

3-4 스로틀 보디 탈 · 부착

❶ 스로틀 보디의 위치를 확인한다.

❷ 진공호스를 탈거한다.

❸ TPS커넥터를 탈거한다.

❹ 스로틀 보디 고정 볼트, 너트를 탈거한다.

❺ 탈거한 스로틀 보디를 시험위원에게 확인받는다.

❻ 스로틀 보디 고정 볼트, 너트를 체결한다.

❼ TPS 커넥터를 체결한다.

❽ 진공호스를 체결한 후 주변을 정리하고 확인을 받는다.

엔진 **3** 주어진 자동차에서 가솔린 기관의 연료펌프를 탈거(시험위원에게 확인)한 후 다시 조립
하시오.

3-5 연료펌프 탈 · 부착

▲ 가솔린 연료펌프가 설치된 연료탱크

❶ 뒷좌석 시트와 연료 펌프 덮개를 탈거한다.

❷ 커넥터와 연료 호스 고정 볼트를 탈거한다.

❸ 리턴 호스, 공급 호스를 탈거한다.

❹ 연료 펌프 고정 브래킷을 탈거한다.

❺ 펌프 어셈블리 고정 핀과 펌프를 탈거하여 확인받는다.

❻ 어셈블리 핀 조립 후 펌프를 장착한다.

❼ 연료펌프 고정 브래킷을 장착한다.

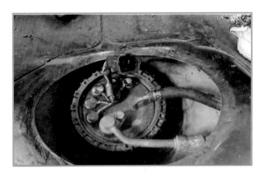

❽ 연료공급 파이프, 연료리턴라인을 체결한다.

❾ 연료펌프 커넥터를 체결한다.

❿ 연료펌프 덮개와 뒷자석 시트를 장착한 후 확인을
받는다.

3-6 맵 센서 탈·부착

❶ LPG 기관에서 맵 센서의 위치를 확인한다.

❷ 맵 센서 커넥터를 탈거한다.

❸ 맵 센서를 탈거한다.

❹ 탈거한 맵 센서를 시험위원에게 확인받는다.

❺ 맵 센서를 서지 탱크에 조립한다.

❻ 커넥터를 체결하고 시험위원에게 확인받는다.

3-7 점화코일 탈 · 부착

❶ 점화스위치를 OFF한다.

❷ 점화코일 보호 커버를 탈거한다.

❸ 점화코일 커넥터를 탈거한다.

❹ 고압케이블을 탈거하고 점화코일을 탈거한다.

❺ 탈거한 점화코일을 시험위원에게 확인받는다.

❻ 점화코일을 실린더 헤드에 조립한다.

❼ 고압케이블을 점화순서(1-4, 2-3)에 맞게 체결한다.

❽ 점화코일 배선 커넥터를 체결한다.

❾ 점화코일 보호커버를 조립한다.

❿ 조립을 완료하고 시험위원에게 확인받는다.

엔진 **3** 주어진 자동차에서 전자제어디젤(CRDI) 기관의 연료압력 조절밸브를 탈거(시험위원에게 확인)한 후 다시 조립하시오.

3-8 CRDI 연료압력 조절밸브 탈 · 부착

▲ CRDI 엔진에서 연료압력 조절밸브 위치 확인

❶ 연료압력 조절 커넥터를 확인한다.

❷ 연료압력 조절 커넥터를 탈거한다.

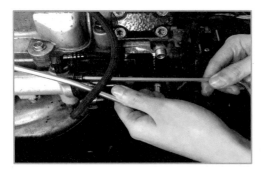

❸ 연료압력 조절기 고정나사를 풀어 탈거한다.

❹ 탈거한 후 시험위원에게 확인받는다.

❺ 연료압력 조절기를 장착한 후 고정나사를 조인다.

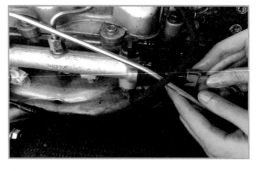

❻ 연료압력 조절기 커넥터를 연결한 후 주변을 정리
하고 시험위원에게 확인받는다.

3-9 CRDI 예열 플러그 탈 · 부착

❶ 예열 플러그 고정너트를 탈거한다.

❷ 예열 플러그 전원 케이블을 탈거한다.

❸ 예열 플러그를 탈거한다.

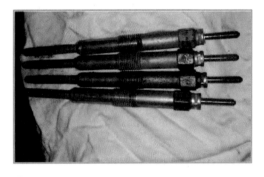
❹ 예열 플러그를 정렬하고 확인받는다.

❺ 예열 플러그를 장착한다.

❻ 예열 플러그, 전원 케이블을 장착한 후 확인받는다.

3-10 자기진단 센서 점검

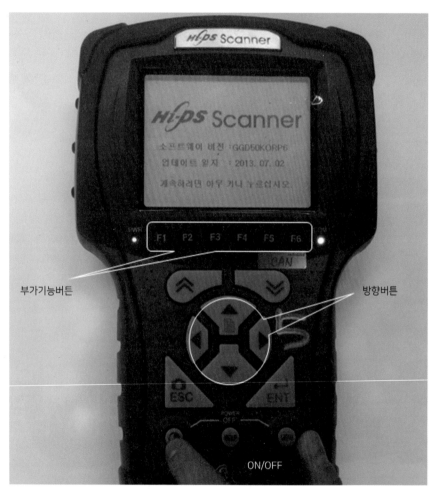

▲ 스캐너와 점화스위치 전원이 ON 상태에서 사용

❶ 자기진단 차량과 스캐너를 선택한다.

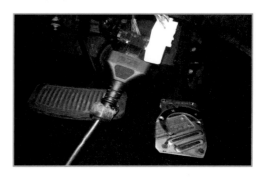

❷ 전원과 통신 케이블을 확인하여 설치한다.

❸ 점화 스위치를 ON으로 한다.

❹ 스캐너 전원을 ON시킨다.

❺ 기능 선택에서 차량통신을 선택한다.

❻ 제조회사를 선택한다.

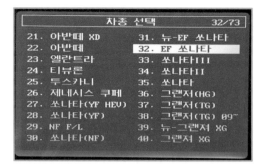

❼ 차종을 선택한다.

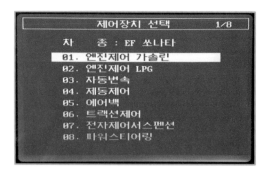

❽ 제어장치를 선택한다.

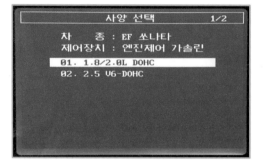

❾ 엔진 사양을 선택한다.

❿ ECU와 스캐너가 통신을 시작한다.

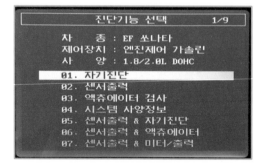

⓫ 자기진단을 선택한다.

⓬ 자기진단을 실시한다.

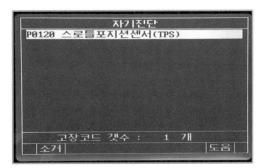

⑬ 자기진단 고장코드가 표출된다.

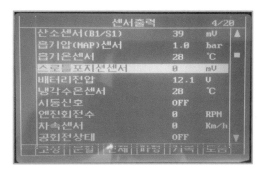

⑭ 센서출력을 점검한다.

⑮ TPS 커넥터를 확실히 체결한다.

⑯ 체결 후 고장코드를 소거한다.

⑰ 재점검 자기진단을 한다.

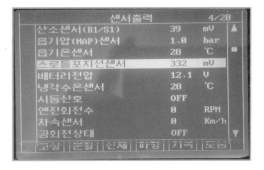

⑱ 재점검, 센서값을 표출한다.

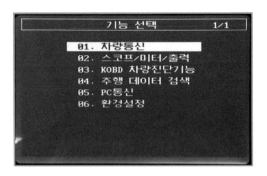

⑲ 측정이 끝나면 ESC 버튼으로 스캐너를 초기화 한다.

⑳ 주변을 정리하고 점화 스위치를 OFF한다.

✏️ 답안지 작성

항목	측정(또는 점검)			판정 및 정비(또는 조치) 사항		득점
	고장부위	측정값	규정값	고장 내용	정비 및 조치 사항	
센서 (액추에이터) 점검	TPS	0V	0.3~0.63V (공회전)	커넥터 탈거	커넥터 연결, ECU 기억 소거 후 재점검	

🗒️ 답안지 작성 요령

1) 측정
   ① **고장부위** : 수검자가 스캐너로 진단한 고장부위 TPS를 기록한다.
   ② **측정값** : 수검자가 측정한 값 0V를 기록한다.
   ③ **규정값** : 정비지침서의 규정값 0.3~0.63V(공회전)를 기록한다.

2) 고장 및 정비(또는 조치) 사항
   ① **고장내용** : 수검자가 점검한 내용 커넥터 탈거를 기록한다.
   ② **정비 및 조치 사항** : 커넥터 연결, ECU 기억 소거 후 재점검을 기록한다.

04 엔진 검사

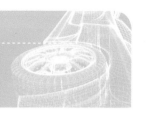

엔진 4 주어진 디젤 자동차에서 시험위원의 지시에 따라 매연을 측정하고 기록 · 판정하시오.

4-1 디젤 매연 측정(광투과식 매연측정기 : AUTOSMOKE 4100)

❶ 측정할 차량을 선택하고, 측정을 위해 매연측정기구를 준비한다.

❷ 통신, 전원, 프로브 호스 연결(시계방향으로 돌림) 전원을 ON(미리 예열)한 후 매연 측정기와 컴퓨터에 통신 케이블을 연결한다.

❸ 워밍업에 10~15분 정도 소요된다. 측정기 전면에서 홀드 버튼을 눌러 팬(Fan)을 가동(팬 램프 점등)한다.

❹ 모니터에 초록색 글씨로 워밍업이 명시된다. 80℃가 되면 SMOKE 표시가 정상이라고 나타난다.

❺ 컴퓨터에서 매연측정 프로그램을 클릭한 후 자동차등록증을 보고 차종과 연식을 확인한다.

❻ 자동차 제원을 입력한 후 측정 시작을 클릭한다.

❼ 영점 교정을 시작한다.

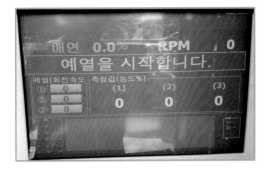

❽ 영점 조정이 완료되어 차량탑승 메시지가 나오면 예열(급가속 3회)을 시작한다.

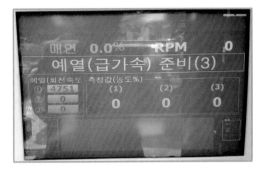

❾ 급가속 모드가 3회 실시된다. 예열은 3회 실시하며, '밟으시오'라는 문구가 나오면 액셀러레이터를 끝까지 밟는다.

❿ '놓으시오'라는 문구가 나오면 발을 뗀다. 엔진회전속도가 표시된다(4,751rpm).

⓫ 급가속 모드 3회가 끝나면 프로브를 삽입한다. '프로브 삽입' 문구에 따라 프로브를 배기관에 5cm 이상 삽입한다.

⑫ 급가속을 준비한다.

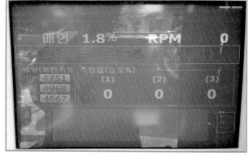

⑬ 급가속(1회차)을 실시하여 실제 매연값을 측정한다.

⑭ 1회차(38%로 측정)가 완료되면 2회차를 준비한다.

⑮ 2회차(35.9%로 측정)가 완료되면 3회차를 준비한다.

⑯ 3회차가 35.4%로 측정되고 검사가 완료된다.

⑰ 프로브를 제거한다.

⑱ 측정 결과표가 표시된다.

⑲ 주변을 정리하고 답안지를 작성한다.

차종	측정(또는 점검)				판정 및 정비(또는 조치) 사항		득점
차종	연식	기준값	측정값	측정	산출근거(계산)기록	판정(□에 '✔' 표)	
중형 승용	2008 년식	25% 이하	36%	1회 : 38% 2회 : 35.9% 3회 : 35.4%	(38 + 35.9 + 35.4) = 109.3 109.3÷3 = 36.4% 소수점 이하 절사 36%	□ 양 호 ☑ 불 량	

※ 감독위원이 제시한 자동차등록증(또는 차대번호)을 활용하여 차종 및 연식을 적용한다.

※ 매연농도를 산술평균하여 소수점 이하는 버린 값으로 기입한다.

※ 자동차 검사기준 및 방법에 의하여 기록·판정한다.

※ 측정 및 판정은 무부하 조건으로 한다.

📋 답안지 작성 요령

1) 측정
① **차종과 연식** : 자동차등록증(또는 차대번호)을 활용하여 중형 승용, 2008년식을 기록한다.
② **기준값** : 수검자가 자동차 등록증의 차종과 년식을 보고 배출허용 기준값을 기록한다.
중형 승용, 2008년식, 측정장비가 광투과식이므로 배출가스 허용기준 20% 이하 적용, 차량이 터보차저 부착 차량이므로 5% 가산하여 기준값 25%를 적용한다.
③ **측정값** : 36%를 기록한다.
④ **측정** : 수검자가 3회 측정한 값을 순서대로 기록한다.(1회 : 38%, 2회 : 35.9%, 3회 : 35.4%)

2) 판정 및 정비(또는 조치) 사항
① **산출근거(계산)기록** : (38＋35.9＋35.4)＝109.3
109.3÷3＝36.4%
소수점 이하 절사 36%
② **판정** : 측정한 값이 기준값 이상이므로 불량에 '✔' 표시를 한다.

■ **측정시 유의사항**
① 검사 시작 전 매연측정기의 측정부분인 유리를 마른걸레로 닦아준다.
② 급가속(3회) 실시 후 측정값(오차가 5% 이상 넘는 경우 횟수 늘어남. 최대 10회)을 확인한다.
③ 측정 완료 후 측정값을 읽고 기준값과 비교하여 합격·불합격 여부를 판단한다.
④ 3회 연속 측정한 매연농도를 산술평균하여 소수점 이하는 절사한 값을 최종측정치로 한다.

NOTE

차대번호 식별방법

											1	2	3	4	5	6
1	2	3	4	5	6	7	8	9	10	11	12					
제작 회사군			자동차 특성군								제작 일련 번호군					

차대번호는 총 17자리로 구성되어 있다.

현대자동차 차대번호 확인(예 차대번호 KMHEM42APXA123456)

자릿수	부호	구분	의미
1번째	K	국가	대한민국
2번째	M	제작사	현대자동차
3번째	H	차량 구분	H : 승용차, F : 화물트럭, J : 승합차량
4번째	E	차종	E : EF쏘나타, V : 아반떼, 엑센트
5번째	M	세부차종	L : 기본, M : 고급, N : 최고급
6번째	4	차체형상	1 : 리무진, 2~5 : 도어수, 6 : 쿠페, 8 : 왜건
7번째	2	안전장치	1 : 없음, 2 : 수동안전띠, 3 : 자동안전띠, 4 : 에어백
8번째	A	배기량	A : 1,800cc, B : 2,000cc, g : 2,500cc
9번째	P	확인란	P : LHD, R : RHD
10번째	X	제작년도	1999년
11번째	A	공장위치	A : 울산공장, C : 전주공장, U : 울산공장, M : 인도공장, Z : 터키공장
12~17번째	123456	제작일련번호	123456

 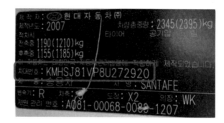

▲ 차대번호 표시 예

매연 허용기준

차종		적용기간		여지반사식	광투과식	비고
경자동차 및 승용자동차		1995. 12. 31. 이전		40% 이하	60% 이하	
		1996. 1. 1.~2000. 12. 31.		35% 이하	55% 이하	
		2001. 1. 1.~2003. 12. 31.		30% 이하	45% 이하	
		2004. 1. 1.~2007. 12. 31.		25% 이하	40% 이하	
		2008. 1. 1. 이후		10% 이하	20% 이하	
화물 승합 특수 자동차	소형	1995. 12. 31. 이전		40% 이하	60% 이하	
		1996. 1. 1.~2000. 12. 31.		35% 이하	55% 이하	
		2001. 1. 1.~2003. 12. 31.		30% 이하	45% 이하	
		2004. 1. 1.~2007. 12. 31.		25% 이하	40% 이하	
		2008. 1. 1. 이후		10% 이하	20% 이하	
	중 · 대형	1992. 12. 31. 이전		40% 이하	60% 이하	
		1993. 1. 1.~1995. 12. 31.		35% 이하	55% 이하	
		1996. 1. 1.~1997. 12. 31.		30% 이하	45% 이하	
		1998. 1. 1.~ 2000. 12. 31.	시내버스	25% 이하	40% 이하	
			시내버스 외	30% 이하	45% 이하	
		2001. 1. 1.~2004. 9. 30.		25% 이하	45% 이하	
		2004. 10. 1.~2007. 12. 31.		25% 이하	40% 이하	
		2008. 1. 1. 이후		10% 이하	20% 이하	

4-2 가솔린 배기가스 측정

▲ 측정장비 전면

▲ 측정장비 후면

❶ 측정기의 프로브를 털어 물기를 제거하고 자동차
는 공회전시켜 배기관의 물기를 제거한다.

❷ 전원연결(AC 220V, POWER S/W, HEATER S/W,
FAN S/W – ON)

❸ Shift + 0 키를 동시에 누른다.(영점 조정)

❹ 영점 조정 후 Enter↵ 키를 누른다.

❺ 프로브를 삽입하라는 메시지가 나오면 프로브를
삽입한다.

❻ 측정을 시작한다. 측정값이 안정화될 때까지 약
10초 정도 기다린다.

테스트 결과			
배출가스	최소	최대	평균
CO %	00.02	00.49	00.32
CO2 %	00.73	12.43	08.15
HC ppm	0060	0222	0148
O2 %	00.00	00.02	00.00
NOx ppm	0005	0056	0030
λ	00.97	02.50	01.41

ESC: 이전 화면으로 이동

❼ 다시 한 번 Enter↵ 키를 누르면 최소, 최대, 평균이 나온다.(평균이 측정값) 재측정할 경우에는 Esc 키를 누른다.

❽ 측정이 끝나면 장비를 정리하고 답안지를 작성한다.

✏️ 답안지 작성

항목	측정(또는 점검)		판정(□에 '✔' 표)	득점
	측정값	기준값 (2006.1.1 이후 승용차의 경우)		
CO	0.32%	1.0% 이하	□ 양 호 ☑ 불 량	
HC	148ppm	120ppm 이하		

🗒️ 답안지 작성 요령

1) 측정
① **측정값** : 측정한 CO 0.32%, HC 148ppm을 기록한다.
② **기준값** : 자동차 등록증의 차종과 연식을 보고 배출허용 기준값을 기록한다.(반드시 단위를 기록한다.)
차종은 대형 승용, 연식은 2007년식이므로 배출가스 허용기준 CO 1.0% 이하, HC 120ppm 이하의 기준값을 적용한다.

2) 판정 및 정비(또는 조치) 사항
판정 : 측정한 값이 기준값 이상이므로 불량에 '✔' 표시를 한다.

NOTE

배기가스 배출 허용기준

차종		제작일자	CO	HC	공기과잉률
경자동차		1997. 12. 31. 이전	4.5% 이하	1,200pm 이하	
		1998. 1. 1.~2000. 12. 31.	2.5% 이하	400pm 이하	
		2001. 1. 1.~2003. 12. 31.	1.2% 이하	220pm 이하	
		2004. 1. 1. 이후	1.0% 이하	150pm 이하	1±0.01 (전자제어+ 촉매장치)
승용자동차		1987. 12. 31. 이전	4.5% 이하	1,200pm 이하	
		1988. 1. 1.~2000. 12. 31.	1.2% 이하	220pm 이하(휘발유) 400pm 이하(가스)	
		2001. 1. 1.~2005.12. 31.	1.2% 이하	220pm 이하	1±0.15 (기화가식)
		2006. 1. 1. 이후	1.0% 이하	120pm 이하	
승합 화물 특수 자동차	소형	1989. 12. 31. 이전	4.5% 이하	1,200pm 이하	1±0.20 (촉매미부착)
		1990. 1. 1.~2003. 12. 31.	2.5% 이하	400pm 이하	
		2004. 1. 1. 이후	1.2% 이하	220pm 이하	
	중·대형	2003. 12. 31. 이전	4.5% 이하	1,200pm 이하	
		2004. 1. 1. 이후	2.5% 이하	400pm 이하	

(별지 제1호 서식)

뒷면 유의사항 필독

자 동 차 등 록 증

제 201304-011039 호   최초등록일 : 2007 년 04 월 30 일

① 자동차등록번호 39주 □

② 차 종 대형 승용   ③ 용도 자가용

④ 차 명 그랜저(GRANDEUR)

⑤ 형식 및 연식 TG-L27J-A4   2007

⑥ 차 대 번 호 KMHFC41MP7A233323

⑦ 원동기 형식 L6EA

⑧ 사용본거지 서울특별시 강남구 역삼동 □

⑨ 성명(명칭) □

⑩ 주민(법인)등록번호 □

⑪ 주 소 서울특별시 강남구 역삼동 □

자동차관리법 제8조의 규정에 따라 위와 같이 등록하였음을 증명합니다.

이전

2013 년 04 월 29일

- 이해 자동차 검사유효 기간을 반드시 확인 하시고 검사를 받으시기 바랍니다. (위반시 30만원 이하의 과태료)
- 지역번호차량은 시·도를 달리하여 전입하는 경우 전입일로부터 15일 이내에 변경등록을 (전국번호로 변경) 신청하여야 합니다. (위반시 30만원 이하의 과태료)

인천광역시 부평구청장

▲ 자동차등록증 서식

Craftsman Motor
Vehicles Maintenance

자동차정비기능사 실기

02

새시

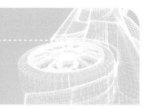

새시 **1** 주어진 자동차에서 시험위원의 지시에 따라 림(휠)에서 타이어 1개를 탈거(시험위원에게 확인)한 후 다시 조립하시오.

1-1 타이어 탈 · 부착

❶ 타이어 공기압을 제거한다.

❷ 타이어 탈착기에 공기호스를 연결하고 타이어 압착기 레버로 타이어를 압착한다.

❸ 타이어가 압착되도록 탈착기의 가운데 페달을 밟는다.

❹ 바퀴를 돌려 전체가 압력이 가해져 타이어가 림에서 분리되도록 한다.

❺ 타이어를 회전테이블에 올려놓고 탈착기의 왼쪽 페달을 밟아 휠을 탈착기에 고정시킨다.

❻ 타이어 탈착레버를 휠에 맞춘다.

❼ 타이어 탈착레버를 휠에 밀착시키고 보조 탈착 레버를 그 사이에 끼운다.

❽ 타이어 탈착기의 오른쪽 페달을 밟아 회전판을 작동시킨다.

❾ 타이어의 하단 부분이 위로 오도록 밀착 레버와 작동 레버를 끼워 회전판을 돌린다.

❿ 타이어를 휠에서 분리하고 시험위원의 확인을 받는다.

⑪ 타이어를 휠에 밀착시키고 하단부가 림에 밀착되도록 좌우로 움직여 맞춘다.

⑫ 타이어와 휠에 지지레버를 맞추고 회전판을 돌린다.

⑬ 타이어가 휠에 체결되면 비드면을 돌려 자리잡도록 손으로 눌러준다.

⑭ 타이어에 30~40PSI의 규정압력을 주입한다.

⑮ 타이어 탈착기의 왼쪽 페달을 밟고 타이어를 회전판에서 분리한다.

⑯ 주변을 정리한 후 시험위원에게 확인을 받는다.

새시 **1** 주어진 자동차에서 시험위원의 지시에 따라 (좌 또는 우측) 앞 허브 및 너클을 탈거(시험위원에게 확인)한 후 다시 조립하시오.

1-2 허브, 너클 탈 · 부착

❶ 타이어를 탈거한다.

❷ 허브 너트를 탈거한다.

❸ 타이로드 앤드 로크너트 고정핀을 제거한 후 너트를 푼다.

❹ 타이로드 앤드 풀리를 설치하고 너클에서 타이로드 앤드를 분리한다.

❺ 로어 암 볼조인트 고정 너트를 풀어준다.

❻ 캘리퍼 고정 볼트를 풀어준다.

❼ 브레이크 캘리퍼를 분리한다(브레이크 호스 체결 상태).

❽ 쇼크업소버 고정 볼트를 풀어준다.

❾ 앤드 풀리를 장착하고 아래 로어 암 볼조인트를 탈거한다.

❿ 허브 너클을 탈거한 후 시험위원에게 확인받는다.

⑪ 허브 너클 어셈블리를 장착한 후 볼조인트 고정
너트를 체결한다.

⑫ 쇼크업소버 고정 볼트를 체결한다.

⑬ 브레이크 캘리퍼를 장착한다.

⑭ 타이로드 앤드를 장착한다.

⑮ 허브 너트를 장착하고 너트 고정 핀을 체결한다.

⑯ 타이어를 장착하고 시험위원에게 확인받는다.

1-3 로어 암 탈 · 부착

❶ 리프트를 띄운다.

❷ 바퀴를 탈거한다.

❸ 분해할 로어 암을 확인한다.

❹ 허브 너트를 탈거한다.

❺ 너클 고정 볼트를 탈거한다.

❻ 탈거한 너클은 너클 고정 볼트로 임시 고정한다.

❼ 로어 암 볼조인트를 풀어준다(2~3회전).

❽ 볼조인트 탈착기를 압착하여 너클과 로어 암을 분리한다.

❾ 볼조인트 너트를 탈거한다.

❿ 스태빌라이저 링크를 탈거한다.

⓫ 뒤 로어암 고정 너트를 탈거한다.

⓬ 앞 로어암 고정 볼트를 탈거한다.

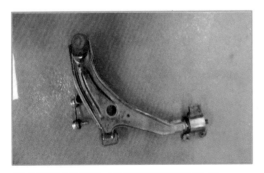

⓭ 분해한 로어암을 시험위원에게 확인받는다.

⓮ 앞 로어암 고정 볼트를 조립한다.

⑮ 뒤 로어암 고정 너트를 조립한다.

⑯ 스태빌라이저 링크를 조립한다.

⑰ 임시로 고정한 너클 고정 볼트를 탈거한 후, 볼 조인트 너트를 조립한다.

⑱ 너클 고정 볼트를 조립 완료 후 확인을 받는다.

⑲ 허브 너트를 조립한다.

⑳ 타이어를 조립한다.

| 새시 | **1** | 주어진 자동차에서 시험위원의 지시에 따라 (좌 또는 우측) 앞 등속 축(drive shaft)을 탈거(시험위원에게 확인)한 후 다시 조립하시오. |

1-4 등속 축 탈·부착

❶ 차량을 들어 올려 휠을 탈거한다.

❷ 허브에서 스플리트 핀을 탈거한 후, 드라이브 샤프트 너트를 탈거한다.

❸ 쇼크업소버와 체결된 너클 고정 볼트를 탈거한다.

❹ 허브를 전후, 좌우로 움직인 후 기울여 등속 조인트를 탈거한다.

❺ 탈거된 등속조인트를 시험위원에게 확인받는다.

❻ 조립을 완료하고 시험위원에게 확인받는다.

1-5 전륜 쇼크업소버 탈 · 부착

▲ 쇼크업소버를 탈 · 부착할 차량을 리프트업한다.

❶ 상부의 셀프 로킹너트 토크(2~3바퀴)를 해제한다.

❷ 하부 고정 볼트와 브레이크 호스 브래킷을 분리한다.

❸ 쇼크업소버 상단 고정 너트를 탈거한다.

❹ 탈거된 쇼크업소버를 시험위원에게 확인받는다.

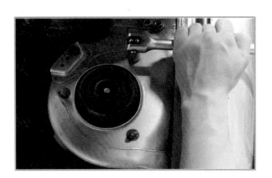

❺ 쇼크업소버 상부 너트를 체결한다.

❻ 하부 고정 볼트, 브레이크 호스브래킷, 타이어를 조립한다.

1-6 쇼크업소버 스프링 탈 · 부착

❶ 쇼크업소버를 스프링 탈착기에 장착한 후 아래 고정 볼트를 조인다.

❷ 상단부 클램프를 스프링에 고정한다.

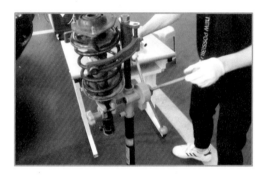

❸ 스프링을 시트에서 떨어질 때까지 압축한다.

❹ 상부의 셀프 로킹너트를 풀고 인슐레이터와 커버를 들어 낸다.

❺ 스프링 장력을 해제한다.

❻ 탈거한 코일을 확인받는다.

❼ 스프링의 균형을 맞추어 압축한다.

❽ 더스트 커버를 끼운다.

❾ 인슐레이터를 끼우고 셀프 로킹너트를 완전히 조인다.

❿ 조립된 쇼크업소버를 장착기에서 탈거하여 확인받는다.

 NOTE

쇼크업소버 어셈블리 정비사항
① 오일의 누유, 피스톤 로드의 휨, 복원력 저하 등이 심할 경우 교환한다.
② 스프링의 휨, 균열이 심할 경우 교환한다.

1-7 추진축 탈 · 부착

▲ 기아 스포티지 차량

❶ 자동차를 리프트업시킨다.

❷ 추진축의 뒤 요크 볼트를 탈거한다.

❸ 추진축을 종감속 장치에서 탈거한다.

❹ 변속기 뒤 유니버설 조인트를 탈거한다.

❺ 추진축을 정렬하고 시험위원의 확인을 받는다.

❻ 유니버설 조인트를 변속기 출력축에 조립한 후 조인트에 추진축을 조립한다.

❼ 종감속 장치에 추진축의 고정볼트를 체결한다.

❽ 조립된 추진축을 시험위원에게 확인받는다.

1-8 FR 차동기어 탈 · 부착

❶ 차동기어 캐리어 캡을 분해한다.

❷ 캐리어 캡을 정렬한다.(좌우 표시)

❸ 차동기어 케이스를 분리한다.

❹ 링 기어 고정볼트를 분해한다.

❺ 링 기어를 분해하여 정렬한다.

❻ 차동장치 고정핀을 분해한다.

❼ 차동 피니언 기어 및 사이드 기어를 탈거한다.

❽ 차동 피니언 기어 및 사이드 기어를 정렬하고 시험위원에게 확인받는다.

❾ 차동기어 장치를 조립한다.

❿ 링기어를 조립한다.

⓫ 캐리어 캡을 조립한다.

⓬ 종감속장치 캡을 조립하고 확인받는다.

1-9 후륜 쇼크업소버 탈 · 부착

❶ 준비된 차량에서 뒤 타이어를 탈거한다.

❷ 쇼크업소버에 고정된 클립을 분리하고 브레이크 파이프를 탈거한다.

❸ 쇼크업소버에 체결된 스태빌라이저 아이들 링크 고정 볼트를 분해한다.

❹ 쇼크업소버와 뒷바퀴 허브 너클 고정 너트를 분해 한다.

❺ 뒤 쇼크업소버 상단부 고정 볼트를 분해한다.

❻ 쇼크업소버 허브 너클 볼트를 분해하고 쇼크업소 버를 탈거한 후 확인받는다.

❼ 쇼크업소버 상단부분의 너트를 손으로 조인다.

❽ 쇼크업소버 허브 너클 고정 볼트를 체결한다.

❾ 쇼크업소버 상단부분 너트를 규정 토크로 조립한다.

❿ 브레이크 호스 고정 클립을 조립한다.

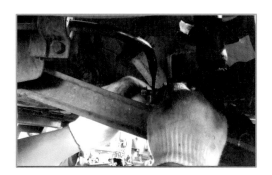

⓫ 스태빌라이저 아이들 링크 고정 볼트를 조립한다.

⓬ 바퀴를 장착하고 작업을 정렬한 후 확인받는다.

1-10 액슬 축(후륜)

❶ 바퀴에 고정된 차축을 고정 볼트로 분해한다.

❷ 차축을 차축 하우징에서 탈거한다.

❸ 탈거한 액슬 축을 시험위원에게 확인받는다.

❹ 차축을 하우징에 끼워 넣는다.

❺ 차축의 고정 볼트를 조립한다.

❻ 주변을 정리하고 시험위원에게 확인받는다.

1-11 수동 변속기 1단 기어 탈 · 부착

❶ 작업할 수동변속기를 확인하고 리어 커버를 탈거한다.

❷ 분해된 리어 커버와 기어의 중립을 확인한다.

❸ 핀 펀치를 이용하여 5단 시프트 포크 고정핀을 탈거한 후 로크 너트를 분해한다.

❹ 5단 기어 및 허브와 포크를 분해한다.

❺ 분해된 5단 기어 및 시프트 포크 허브를 정렬한다.

❻ 후진 아이들 기어 축 고정 볼트와 로킹 볼 어셈블리 및 후진 스위치를 탈거한다.

❼ 로킹 볼 어셈블리를 정렬하고, 케이스 고정 볼트를 탈거한다.

❽ 트랜스미션 케이스를 탈거한 후 종감속 기어와 차동 기어를 탈거한다.

❾ 아이들 기어 축 및 링크를 탈거한다.

❿ 시프트 레일을 중립으로 세팅한다.

⓫ 탈거한 종감속 기어를 정렬한다.

⓬ 각 시프트 포크 고정핀을 탈거한다.

⓭ 각 시프트 레일 및 포크를 정렬한다.

⓮ 입력축 기어와 부축 기어 어셈블리를 정렬한다.

⑮ 1∼2단 기어 어셈블리를 확인받는다.

⑯ 입력축 부축 기어 어셈블리를 조립하고 주축 베어링 리테이너를 조립한다.

⑰ 각 시프트 포크 및 레일을 조립하고 고정핀을 조립한다.

⑱ 종감속 기어 및 출력축 기어, 아이들 기어를 조립한다.

⑲ 핀 펀치를 이용하여 5단 시프트 포크 고정핀을 조립하고 로킹 볼 어셈블리도 조립한다.

⑳ 리어 커버를 조립하고 기어 작동 상태를 점검한 후 시험위원에게 확인받는다.

새시 **1** 주어진 수동변속기에서 시험위원의 지시에 따라 후진 아이들 기어를 탈거(시험위원에게 확인)한 후 다시 조립하시오.

1-12 후진 아이들 기어 탈 · 부착

❶ 사이드 커버를 분해한다.

❷ 로크 너트를 푼다.

❸ 스냅링을 분해한다.

❹ 슬리브, 허브를 분해한다.

❺ 싱크로나이저링을 분해한다.

❻ 5단 기어를 분해한다.

❼ 플레이트를 분해한다.

❽ 케이스 볼트를 푼다.

❾ 후진 아이들 기어 볼트를 푼다.

❿ 케이스를 탈거한다.

⓫ 후진 아이들 기어 샤프트를 탈거한다.

⓬ 후진 아이들 기어를 탈거하여 시험위원에게 확인을 받는다.

⑬ 후진 아이들 기어와 샤프트를 결합한다.

⑭ 케이스를 결합한다.

⑮ 케이스 볼트와 후진 아이들 기어 볼트를 결합한다.

⑯ 플레이트를 결합한다.

⑰ 5단 기어를 결합한다.

⑱ 싱크로나이저링 – 슬리브 – 허브 – 스냅링을 결합한다.

⑲ 로크 너트와 사이드 커버를 결합한다.

⑳ 주변을 정리하고 시험위원에게 확인받는다.

섀시 1

주어진 자동변속기에서 시험위원의 지시에 따라 오일 필터 및 유온 센서를 탈거(시험위원에게 확인)한 후 다시 조립하시오.

1-13 A/T 오일 필터, 유온 센서 탈 · 부착

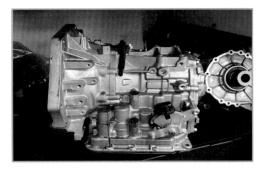

❶ 분해할 자동변속기를 정렬한다.

❷ 오일 팬의 누유 및 주변을 확인한다.

❸ 잔류 오일을 제거한다.

❹ 오일 팬을 탈거한다.

❺ 오일 필터를 탈거한다.

❻ 오일 필터를 탈거한 밸브 바디 모습이다.

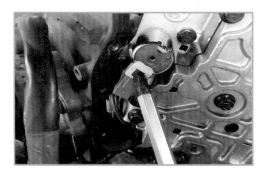

❼ 유온 센서를 탈거하여 확인받는다.

❽ 탈거한 오일 필터를 확인받는다.

❾ 오일 필터와 유온 센서를 체결한다.

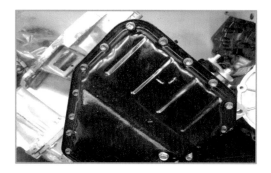

❿ 오일 팬을 부착하고 확인받는다.

| 섀시 | **1** | 주어진 자동변속기에서 시험위원의 지시에 따라 오일펌프를 탈거(시험위원에게 확인)한 후 다시 조립하시오. |

1-14 A/T 오일펌프 탈 · 부착

❶ 자동변속기를 정렬시킨다.

❷ 토크 컨버터와 하우징을 탈거한다.

❸ 오일 펌프 고정 볼트를 제거한다.

❹ 특수공구로 오일 펌프를 조여서 밀어낸다.

❺ 오일 펌프를 탈거한다.

❻ 오일 펌프를 탈거한 후 확인받는다.

❼ 오일 펌프를 규정토크값으로 조립한다.

❽ 주변을 정리한 후 확인받는다.

주어진 자동변속기에서 시험위원의 지시에 따라 밸브 보디를 탈거(시험위원에게 확인)한 후 다시 조립하시오.

1-15 A/T 밸브 바디 탈 · 부착

❶ 자동변속기 밸브 바디를 분해할 수 있도록 정렬한다.

❷ 오일 팬을 탈거한다.

❸ 오일 필터를 탈거한다.

❹ 밸브 바디와 연결되어 있는 커넥터를 탈거한다.

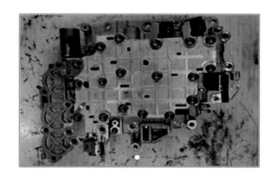

❺ 밸브 바디를 탈거하여 시험위원에게 확인받는다.

❻ 밸브 바디를 조립한다.

❼ 밸브 바디 커넥터를 연결하고 오일 필터를 조립
한다.

❽ 오일 팬을 조립한 후 확인받는다.

1-16 범퍼(앞 또는 뒤) 탈 · 부착

❶ 범퍼를 탈거할 차량을 확인한다.

❷ 운전석과 조수석 쪽 휠 하우스에 있는 볼트를 탈거한다.

❸ 보닛을 열고 범퍼 고정 볼트를 탈거한다.

❹ 범퍼 밑부분을 고정하는 볼트를 풀어 범퍼를 탈거한 후 시험위원에게 확인받는다.

❺ 하단부분 볼트와 상단부분 볼트를 체결한다.

❻ 운전석과 조수석 쪽 휠 하우스에 있는 볼트를 조여 조립을 완료한 후 확인받는다.

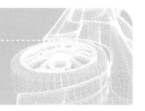

새시 **1** 주어진 자동차에서 시험위원의 지시에 따라 휠 얼라인먼트 시험기를 사용하여 캠버, 캐스터, 토 각을 점검한 후 기록 · 판정하시오.

2-1 휠 얼라인먼트 시험기를 이용한 캠버, 캐스터, 토 측정

❶ 차량을 리프트 위에 올리고 리프트를 지면에서 규정높이만큼 올린 후 얼라인먼트 컴퓨터 전원을 켠다.

❷ 모니터 화면 하단 우측 얼라인먼트 작업시작을 눌러 화면의 지시사항에 따라 준비한다.

❸ 턴테이블을 설치하고 슬립 플레이트 핀을 고정한
다. 타이어 에어를 규정값으로 조정한다.

❹ 차량제원을 입력한다.

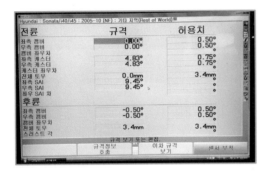

❺ 규정값을 확인하고 모니터 화면 하단 우측의 '센
서 부착'을 클릭한다.

❻ 센서를 부착할 때는 리프트를 상승시켜 고정한다.

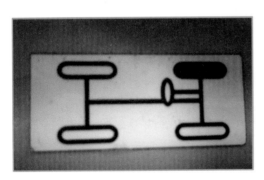

❼ 운전석을 기준으로 타이어와 휠 사이에 센서를 부착한다. 안전핀을 걸어주고 센서를 카메라 방향으로 맞춘다.

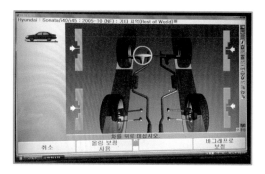

❽ 센서 부착이 완료되면 차량을 뒤로 밀어 센서 보정을 한다.

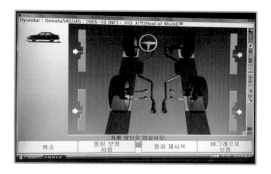

❾ 차량을 앞으로 밀어 센서 보정을 한다.

❿ 턴플레이트와 슬립 플레이트의 고임 핀을 제거한다.

⓫ 바퀴에 고임목을 설치한다.

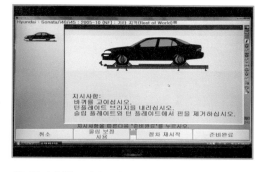

⓬ 준비가 완료되었으면 '준비완료' 버튼을 눌러준다.

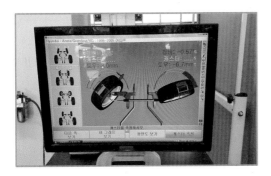

⑬ 모니터 화면 우측 하단의 '캐스터 측정'을 클릭
한다.

⑭ 창문을 열고 하중이 실리지 않도록 핸들을 좌우로
돌려서 녹색부분을 맞추어준다.

⑮ 화면의 지시에 따라 바퀴를 돌려 녹색에 맞추고 브레이크 페달 누름기를 설치한다.

⑯ 시동을 걸어 브레이크 압력을 배력시켜 브레이크
페달 디프레셔를 설치한다.

⑰ 고정이 끝나면 '준비완료' 버튼을 누른다.

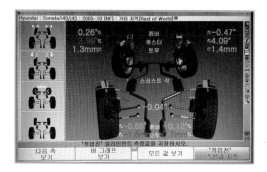

⑱ 측정값을 정확히 보려면 측정값 보기를 눌러준다.

⑲ 우측 하단에 규격정보 호출을 눌러 규격을 비교
한다.

⑳ 주변을 정리하고 답안을 작성한다.

✎ 답안지 작성

항목	측정(또는 점검)		판정 및 정비(또는 조치) 사항		득점
	측정값	규정(정비한계)값	판정(□에 '✔' 표)	정비 및 조치 사항	
캠버 각	0.12°	0.50°	☑ 양 호 □ 불 량	정비 및 조치 사항 없음	
캐스터 각	0.92°	1.00°			
토	1mm	3.6mm			

☷ 답안지 작성 요령

1) 측정
  ① **측정값** : 측정한 캠버 각 0.12°, 캐스터 각 0.92°, 토 1mm를 기록한다.
  ② **규정(정비한계)값** : 정비지침서를 확인하거나 장비의 규정값을 확인하여 기록한다.

2) 판정 및 정비(또는 조치) 사항
  ① **판정** : 측정한 값이 규정(정비한계)값 이내이므로 양호에 '✔' 표시를 한다.
  ② **정비 및 조치 사항** : 판정이 양호이므로 정비 및 조치 사항 없음을 기록한다.

3) 불량 시 조치방법
  ① **캠버 조정** : 차종에 따라 조정방식이 다르다. 어퍼 암에 조정심을 넣거나 빼서 조정하는 방식이 있으며 토션바 스프링식은 로어암 볼트를 돌려 조정할 수 있다.(캠버 조정 불가 시 로어암을 교환한다.)
  ② **캐스터 조정** : 스트럿 바로 조정하는 방식과 심으로 조정하는 방식이 있다.

2-2 캠버, 캐스터, 토

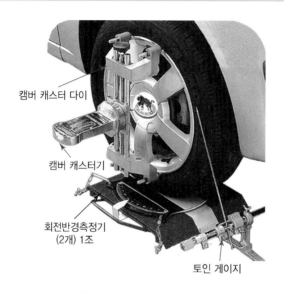

캠버 캐스터 다이

캠버 캐스터기

회전반경측정기
(2개) 1조

토인 게이지

▲ 캠버, 캐스터 게이지 설치 상태

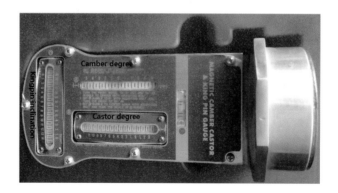

▲ 캠버, 캐스터 게이지 상세도

1) 캠버, 캐스터 측정작업

❶ 휠에 고정대를 설치해준다.

❷ 캠버, 캐스터 게이지를 고정대에 설치한다.

❸ 타이어 직진 상태, 턴테이블 0°를 확인한다.

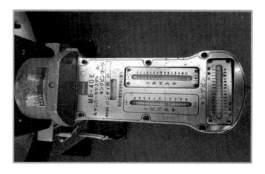

❹ 포터블 게이지를 설치한다.

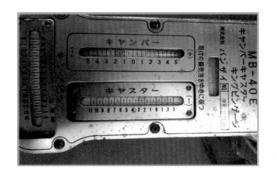

❺ 수평기포를 맞추고 캠버값을 읽는다.

❻ 바퀴를 바깥쪽으로 돌려 턴테이블을 20°에 맞춘다.

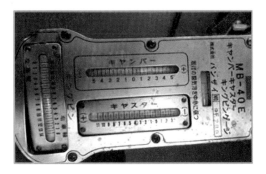

❼ 킹핀과 캐스터의 영점을 조정한다.

❽ 바퀴를 안쪽으로 돌려 턴테이블을 0°에 맞춘다.

❾ 킹핀 경사값을 읽는다.

❿ 바퀴를 안쪽으로 돌려 턴테이블을 20°에 맞춘다.

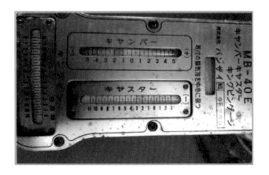

⓫ 수평을 맞추고 캐스터값을 읽는다.

⓬ 주변을 정리하고 답안을 작성한다.

✎ 답안지 작성

항목	측정(또는 점검)		판정 및 정비(또는 조치) 사항		득점
	측정값	규정(정비한계)값	판정(□에 '✔' 표)	정비 및 조치 사항	
캠버 각	0.5°	0.5±0.5°	☑ 양 호 □ 불 량	정비 및 조치 사항 없음	
캐스터 각	2°	2±0.5°			

▤ 답안지 작성 요령

1) 측정
① **측정값** : 캠버 각과 캐스터 각을 측정한 값 0.5°, 2°를 기록한다.
② **규정(정비한계)값** : 정비지침서를 확인해서 기록하거나 시험위원이 제시한 값으로 기록한다.

2) 판정 및 정비(또는 조치) 사항
① **판정** : 수검자가 측정한 값이 규정(정비한계)값 이내이므로 양호에 '✔' 표기한다.
② **정비 및 조치할 사항** : 판정이 양호하므로 정비 및 조치 사항 없음을 기록한다.

2) 토 측정작업

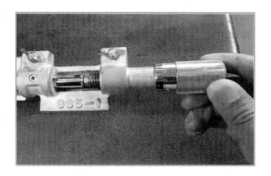

❶ 토인 게이지의 영점을 맞춘다.

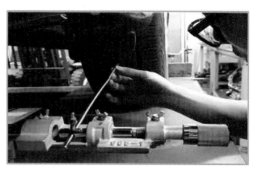

❷ 토인 게이지를 타이어 뒤쪽 중심선에 맞춘다.

❸ 토인 게이지를 앞으로 다시 옮겨온다.

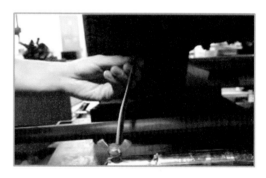

❹ 토인 게이지를 앞 타이어 중심선에 맞춘다.

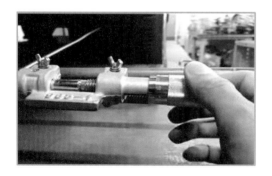

❺ 딤블을 움직여 타이어 중심선에 맞춘다.

❻ 측정된 딤블값을 읽는다.

✎ 답안지 작성

항목	측정(또는 점검)		판정 및 정비(또는 조치) 사항		득점
	측정값	규정(정비한계)값	판정(□에 '✔' 표)	정비 및 조치 사항	
토(toe)	out 4mm	0±3mm	□ 양 호 ☑ 불 량	타이로드 조정 (양쪽 분배)	

▤ 답안지 작성 요령

1) 측정
  ① **측정값** : 토(toe)를 측정한 값 out 4mm를 기록한다.
  ② **규정(정비한계)값** : 정비지침서를 확인해서 기록하거나 시험위원이 제시한 값으로 기록한다.

2) 판정 및 정비(또는 조치) 사항
  ① **판정** : 수검자가 측정한 값이 규정(정비한계)값을 벗어났으므로 불량에 '✔' 표시를 한다.
  ② **정비 및 조치 사항** : 판정이 불량이므로 타이로드 조정(양쪽 분배)을 기록한다.

■ 토(toe) 조정
  • 타이로드의 길이가 길어지면 토인, 짧아지면 토아웃이 된다.
  • 일반적으로 타이로드 1회전은 약 12mm 정도 조정된다. 측정값이 out 4mm일 경우 좌우 반씩 나누면 in으로 2mm씩 조정하여야 한다.

2-3 휠 밸런스 측정

❶ 타이어 휠에 장착되어 있는 추는 모두 제거한 후 휠 밸런스 측정기에 타이어를 장착한다.

❷ 타이어에 표기되어 있는 림의 규격을 확인한다. (D210 65R 15) 림의 직경(d) : 15인치

❸ 측정기와 타이어의 거리를 측정한다.(9.5)

❹ 외측 퍼스를 이용하여 림의 폭을 측정한다.

❺ 측정한 림의 폭을 확인한다.(6.5)

❻ 림의 직경(D), 측정기와 타이어의 거리(L), 림의 폭 (W)을 입력한다.

❼ 커버를 내려 측정기를 작동시킨다.

❽ INNER 및 OUTER에 측정값이 나타나게 되는데 표시된 파란색 화살표(8, 13 아래 부분)가 12시 방향이 되도록 타이어를 돌려 맞추고 그 위치에 납을 부착한다.

❾ INNER, OUTER의 값을 확인한 후 휠 상단에 납을 부착한다.

❿ 수정값의 납을 모두 부착한 후 다시 검사를 하여 OK 화면이 나오면 시험위원의 확인을 받는다.

✏️ 답안지 작성

항목	측정(또는 점검)		판정 및 정비(또는 조치) 사항		득점
	측정값	규정(정비한계)값	판정(□에 '✔' 표)	정비 및 조치 사항	
휠 밸런스	• IN : 8g • OUT : 13g	• IN : 0g • OUT : 0g	□ 양 호 ☑ 불 량	• IN : 8g • OUT : 13g • 수정납 부착 후 재점검	

📋 답안지 작성 요령

1) 측정
① **측정값** : 수검자가 측정한 휠 밸런스 값 IN : 8g, OUT : 13g을 기록한다.
② **규정(정비한계)값** : IN : 0g, OUT : 0g을 기록한다.

2) 판정 및 정비(또는 조치) 사항
① **판정** : 수검자가 측정한 값이 규정(정비한계)값을 벗어났으므로 불량에 '✔' 표시를 한다.
② **정비 및 조치 사항** : IN : 8g, OUT : 13g 수정납 부착 후 재점검을 기록한다.

2-4 조향 휠 유격

❶ 조향 휠의 지름을 줄자로 측정한다.
(390mm)

❷ 조향 휠 상단에 기준점을 설정하여 케이블 타이를 묶는다.

❸ 조향 휠을 돌리면서 기준점과의 유격을 체크한다.

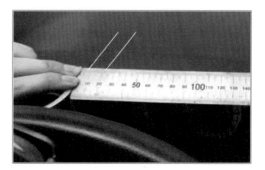

❹ 체크한 부위를 측정한다.

✏️ 답안지 작성

항목	측정(또는 점검)		판정 및 정비(또는 조치) 사항		득점
	측정값	규정(정비한계)값	산출근거(계산)기록	판정(□에 '✔' 표)	
조향 휠 유격	39mm	조향 휠 지름의 12.5% 이내	390×0.125 = 48.75mm	☑ 양 호 □ 불 량	

📋 답안지 작성 요령

1) 측정
① **측정값** : 측정한 조향 휠 유격값 39mm를 기록한다.
② **기준값** : 안전 기준값을 조향 휠 지름의 12.5% 이내로 기록한다.

2) 판정 및 정비(또는 조치) 사항
① **산출(계산)근거** : 390×0.125 = 48.75mm
② **판정** : 측정한 값이 기준값 이내이므로 양호에 '✔' 표시를 한다.

2-5 주차 레버 클릭수

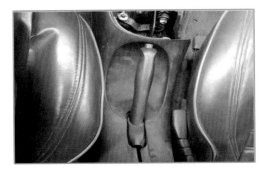

❶ 주차 레버를 푼다.

❷ 주차 레버를 잡아당기며 클릭수를 점검한다.

❸ 트림을 탈거한다.(탈거 전)

❹ 트림을 탈거한다.(탈거 후)

❺ 주차 케이블 안전판을 제거한 후 키를 탈착한다.

❻ 주차레버 장력 조정 너트를 이용해 규정값으로 조절한다.

✎ 답안지 작성

항목	측정(또는 점검)		판정 및 정비(또는 조치) 사항		득점
	측정값	규정(정비한계)값	판정(□에 '✔' 표)	정비 및 조치 사항	
주차 레버 클릭수 (노치)	16클릭/20kgf	6~8클릭/20kgf	□ 양 호 ☑ 불 량	주차 케이블 조정 너트 조절	

🗒 답안지 작성 요령

1) **측정**
   ① **측정값** : 점검한 클릭 수 16클릭을 기록한다.
   ② **규정(정비한계)값** : 시험장에 비치한 정비지침서를 보고 기록하거나 시험위원이 제시한 값으로 기록한다.

2) **판정 및 정비(또는 조치) 사항**
   ① **판정** : 측정값이 규정(정비한계)값을 벗어났으므로 불량에 '✔' 표시를 한다.
   ② **정비 및 조치 사항** : 규정값을 벗어났으므로 주차케이블 조정 너트 조절을 기입하면 된다.

새시 **2** 주어진 자동차(ABS 장착 차량)에서 시험위원의 지시에 따라 톤 휠 간극을 점검하여 기록 · 판정하시오.

2-6 ABS 톤 휠 간극 측정

▲ 작업 차량 EF 쏘나타

❶ 톤 휠과 휠 스피드 센서 위치를 확인한다.

❷ 톤 휠 간극을 디그니스 게이지로 측정한다.

✎ 답안지 작성

항목	측정(또는 점검)		판정 및 정비(또는 조치) 사항		득점
	측정값	규정(정비한계)값	판정(□에 '✔' 표)	정비 및 조치 사항	
톤 휠 간극	전륜 우측 : 0.7mm	전륜 우측 : 0.2~0.9mm	☑ 양 호 □ 불 량	정비 및 조치 사항 없음	

▤ 답안지 작성 요령

1) 측정
① **측정값** : 톤 휠 간극을 측정한 값 전륜 우측 : 0.6mm을 기록한다.
② **규정값** : 정비지침서를 보고 표기하거나 시험위원이 제시한 값 전륜 우측 : 0.2~0.9mm을 기록한다.

2) 판정 및 정비(또는 조치) 사항
① **판정** : 측정한 값이 규정(정비한계)값 이내에 있으므로 양호에 '✔' 표시를 한다.
② **정비 및 조치 사항** : 판정이 양호이므로 정비 및 조치 사항 없음으로 기록한다.

▼ 톤 휠 규정값

차종 \ 구분	프런트	리어	비고
아반떼	0.2~1.3mm	0.2~1.3mm	
쏘나타	0.2~1.3mm	0.2~1.3mm	톤 휠 간극이 규정값을 벗어나면 ABS ECU는 정확한 제어를 할 수 없다.
그랜저	0.3~0.9mm	0.3~0.9mm	
베르나	0.2~1.2mm	0.2~1.2mm	
EF 쏘나타	0.2~0.9mm		

2-7 디스크(두께 및 런아웃)

❶ 타이어를 탈거한다.

❷ 다이얼 게이지를 디스크와 수직이 되게 설치한다.

❸ 다이얼 게이지를 영점으로 조절한다.

❹ 디스크를 회전시켜 변화값을 확인한다.

❺ 버니어 캘리퍼스로 디스크 두께를 측정한다.

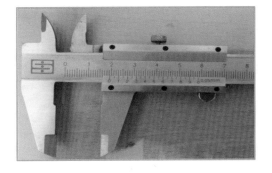

❻ 측정된 눈금을 판독한다.

✏️ 답안지 작성

항목	측정(또는 점검)		판정 및 정비(또는 조치) 사항		득점
	측정값	규정(정비한계)값	판정(□에 '✔' 표)	정비 및 조치 사항	
디스크 두께	18mm	22mm (한계값 20mm)	□ 양 호 ☑ 불 량	디스크 마모 및 런아웃이 큼 – 디스크 교환	
흔들림 (런아웃)	2mm	0.1mm 이하			

🗒️ 답안지 작성 요령

1) 측정
   ① **측정값** : 수검자가 측정한 값을 각각 기록한다.
   ② **규정(정비한계)값** : 정비지침서를 확인해서 기록하거나 시험위원이 제시한 값으로 기록한다.

2) 판정 및 정비(또는 조치) 사항
   ① **판정** : 수검자가 측정한 값이 규정(정비한계)값을 벗어났으므로 불량에 '✔' 표시를 한다.
   ② **정비 및 조치 사항** : 판정이 불량이므로 디스크 마모 및 런아웃이 큼 – 디스크 교환을 기록한다.

2-8 종감속 기어 백래시

❶ 종감속 기어 측정을 위해 다이얼 게이지를 준비한다.

❷ 종감속 기어 하단부에 있는 볼트를 고정시킨다.

❸ 다이얼 게이지를 베벨기어와 직각이 되게 설치하고 베벨기어를 좌우로 움직여 딸깍 소리가 나게 한다.

❹ 이때 다이얼 게이지 바늘이 움직이는 거리를 측정한다.

✏️ **답안지 작성**

항목	측정(또는 점검)		판정 및 정비(또는 조치) 사항		득점
	측정값	규정(정비한계)값	판정(□에 '✔' 표)	정비 및 조치 사항	
백래시	0.28mm	0.11~0.16mm	□ 양 호 ☑ 불 량	어저스트 스크루로 조정 후 재점검	

🗒️ **답안지 작성 요령**

1) 측정
   ① **측정값** : 측정한 값 0.28mm을 기록한다.
   ② **규정(정비한계)값** : 정비지침서를 확인해서 기록하거나 시험위원이 제시한 값으로 기록한다.

2) 판정 및 정비(또는 조치) 사항
   ① **판정** : 측정한 값이 규정(정비한계)값을 벗어났으므로 불량에 '✔' 표시를 한다.
   ② **정비 및 조치 사항** : 판정이 불량이므로 어저스트 스크루로 조정 후 재점검을 기록한다.

새시 **1** 주어진 자동차에서 시험위원의 지시에 따라 브레이크 페달의 작동 상태를 점검하여 기록 · 판정하시오.

2-9 브레이크 페달 유격/작동거리

❶ 브레이크 페달 위치 및 작동 상태를 확인한다.

❷ 시동을 걸고 브레이크 페달과 철자가 직각이 되게 설치하여 페달의 자유 높이를 측정한다.

❸ 브레이크 페달이 저항을 느끼는 부분까지 살며시 밟고 페달 유격을 측정한다.

❹ 브레이크 페달을 끝까지 밟은 상태에서 작동거리를 측정한다.

❺ 엔진 시동을 OFF 한다.

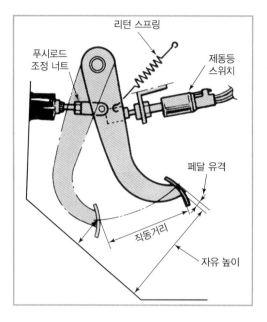

▲ 브레이크 페달의 유격과 작동거리

✏️ 답안지 작성

항목	측정(또는 점검)		판정 및 정비(또는 조치) 사항		득점
	측정값	규정(정비한계)값	판정(□에 '✔' 표)	정비 및 조치 사항	
폐달 유격	3mm	4~10mm	□ 양 호 ☑ 불 량	푸시로드 길이 조정 후 재점검	
작동 거리	128mm	133mm			

📋 답안지 작성 요령

1) 측정
① **측정값** : 철자와 분필(연필)을 이용해 페달 유격과 작동거리를 측정하여 기록한다.
② **규정(정비한계)값** : 정비지침서를 확인해서 기록하거나 시험위원이 제시한 값으로 기록한다.

2) 판정 및 정비(또는 조치) 사항
① **판정** : 수검자가 측정한 값이 규정(정비한계)값을 벗어났으므로 불량에 '✔' 표시를 한다.
② **정비 및 조치 사항** : 판정이 불량이므로 푸시로드 길이 조정 후 재점검으로 기록한다.

섀시 1 주어진 자동차에서 시험위원의 지시에 따라 클러치 페달의 유격을 점검하여 기록 · 판정하시오.

2-10 클러치 페달 유격

❶ 클러치 페달의 위치를 확인하고 서너 번 밟은 다음 차실 바닥에서 카펫을 들어낸다.

❷ 클러치 페달과 곧은 자를 수직이 되게 설치한 후 높이를 측정한다.

❸ 클러치 페달을 손으로 눌러 힘이 걸리는 지점을 확인하여 곧은 자에 표시한다.

❹ 측정값을 판독한다.

✍ 답안지 작성

항목	측정(또는 점검)		판정 및 정비(또는 조치) 사항		득점
	측정값	규정(정비한계)값	판정(□에 '✔' 표)	정비 및 조치 사항	
클러치 페달 유격	18mm	6~13mm	□ 양 호 ☑ 불 량	조정 너트를 조절한 후 재점검	

📋 답안지 작성 요령

1) 측정
① **측정값** : 철자와 분필(연필)을 이용해 페달 유격과 작동거리를 측정하여 기록한다.
② **규정(정비한계)값** : 정비지침서를 확인해서 기록하거나 시험위원이 제시한 값으로 기록한다.

2) 판정 및 정비(또는 조치) 사항
① **판정** : 수검자가 측정한 값이 규정(정비한계)값을 벗어났으므로 불량에 '✔' 표시를 한다.
② **정비 및 조치 사항** : 판정이 불량이므로 조정너트 조절한 후 재점검이라고 기록한다.

| 새시 | **1** | 주어진 자동차에서 시험위원의 지시에 따라 사이드 슬립을 측정하여 기록 · 판정하시오. |

2-11 사이드 슬립

❶ 측정차량과 장비(Auto-A-3T 사이드 슬립 측정기)를 살펴본다.

❷ 사이드 슬립 답판을 정리한다.

❸ 답판 고정장치를 풀어 답판의 움직임을 확인한다.

❹ 타이어 공기압을 규정값으로 주입한다.

❺ 사이드슬립 측정기에 차량정보를 입력한다.

❻ 사이드 슬립 보턴을 눌러준다.

❼ 측정차량을 사이드 슬립 답판 위로 서서히 진입시킨다.

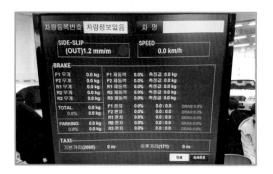

❽ 측정값을 판독한다.

✎ 답안지 작성

항목	측정(또는 점검)		판정 및 정비(또는 조치) 사항		득점
	측정값	규정(정비한계)값	판정(□에 '✔' 표)	정비 및 조치 사항	
사이드 슬립	out 1.2mm/m	5mm/m 이내	☑ 양 호 □ 불 량	정비 및 조치 사항 없음	

▤ 답안지 작성 요령

1) 측정

① 측정값 : 사이드 슬립 측정값 out 1.2mm/m을 기록한다.

② 규정(정비한계)값 : 자동차 검사 기준값 5mm/m 이내를 기록한다.

2) 판정 및 정비(또는 조치) 사항

① 판정 : 측정한 값이 기준값 이내이므로 양호에 '✔' 표시를 한다.

② 정비 및 조치 사항 : 판정이 양호이므로 정비 및 조치 사항 없음을 기록한다.

2-12 입력축 앤드 플레이(MT)

❶ 수동변속기 입력축에 다이얼 게이지 스핀들이 수직이 되게 설치한다.

❷ 다이얼 게이지를 영점 세팅 후 입력축을 축방향으로 세게 움직여 그 거리를 판독한다.

✏️ 답안지 작성

항목	측정(또는 점검)		판정 및 정비(또는 조치) 사항		득점
	측정값	규정(정비한계)값	판정(□에 '✔' 표)	정비 및 조치 사항	
앤드 플레이	0.06mm	0.1mm~0.5mm	□ 양 호 ☑ 불 량	스페이서 교환	

🗒️ 답안지 작성 요령

1) **측정**
   ① **측정값** : 수검자가 앤드 플레이를 측정한 값 0.06mm를 기록한다.
   ② **규정(정비한계)값** : 정비지침서를 확인해서 기록하거나 시험위원이 제시한 값 0.1~0.5mm으로 기록한다.

2) **판정 및 정비(또는 조치) 사항**
   ① **판정** : 수검자가 측정한 값이 규정(정비한계)값을 벗어났으므로 불량에 '✔' 표시를 한다.
   ② **정비 및 조치 사항** : 판정이 불량이므로 스페이서 교환을 기록한다.

2-13 A/T 오일 점검

❶ 시동을 걸어 엔진을 워밍업한다.

❷ 변속레버를 PRND로 변속하여 오일회로에 오일이 충분히 공급되게 한다.

❸ 변속레버를 P위치에 하고 레벨게이지를 뽑아 닦은 후 재점검하여 오일량과 질을 확인한다.

❹ HOT 위치에 오일이 묻어 있으면 정상이다.

✎ 답안지 작성

항목	측정(또는 점검)	판정 및 정비(또는 조치) 사항		득점
		판정(□에 '✔' 표)	정비 및 조치 사항	
오일량	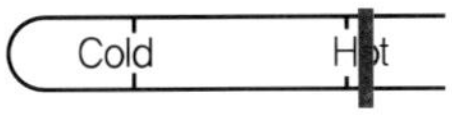 Cold ———— Hot 오일 레벨 게이지에 그리시오.	☑ 양 호 □ 불 량	정비 및 조치 사항 없음	

☰ 답안지 작성 요령

1) 측정

 측정(또는 점검) : 오일량을 측정한 후 레벨 게이지에 그린다.

2) 판정 및 정비(또는 조치) 사항

 ① **판정** : 측정한 오일량이 HOT 범위에 있고 오일이 선홍빛으로 투명하면 양호에 '✔'를 체크
 한다.

 ② **정비 및 조치 사항** : 판정이 양호하므로 정비 및 조치 사항 없음을 기록한다.

03 부품 탈거, 부착, 작동 상태 확인

02 새시

새시 **1** 주어진 자동차에서 시험위원의 지시에 따라 클러치 릴리스 실린더를 탈거(시험위원에게 확인)하고 다시 조립하여 공기빼기 작업 후 클러치의 작동 상태를 확인하시오.

3-1 릴리스 실린더 탈 · 부착

▲ 수동변속기 자동차 리프트업

❶ 클러치 릴리스 실린더 위치를 확인한다.

❷ 릴리스 실린더 유압파이프를 탈거한다.

❸ 실린더 브래킷 고정 볼트를 탈거한다.

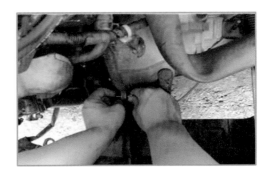

❹ 실린더 고정 볼트를 탈거한다.

❺ 탈거된 릴리스 실린더를 시험위원에게 확인받는다.

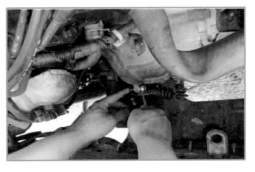

❻ 릴리스 실린더를 변속기에 장착한다.

❼ 릴리스 실린더 유압파이프를 연결한다.

❽ 클러치 마스터 실린더에 오일을 보충한다.

❾ 오일을 보충하면서 공기빼기 작업을 한다.

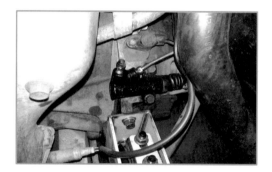

❿ 주변 정리를 하고 시험위원에게 확인받는다.

3-2 브레이크 라이닝 탈·부착

▲ 작업할 차량 리프트 업

❶ 타이어를 탈거한다.

❷ 브레이크 드럼 및 고정 볼트, 허브 너트 캡을 탈거한다.

❸ 허브 너트를 탈거한다.

❹ 자동조정 스프링을 탈거한다.

❺ 자동조정 레버를 탈거한다.

❻ 브레이크 라이닝 연결 스프링을 탈거한다.

❼ 앞쪽 슈 홀드 다운 스프링을 빼고 슈를 탈거한다.

❽ 리턴 스프링과 슈 어저스터를 탈거한다.(조정 스트럿 바)

❾ 뒤쪽 슈 홀드 다운 스프링을 빼고 슈를 탈거한다.

❿ 슈에 연결되어 있는 사이드 케이블을 분리한다.

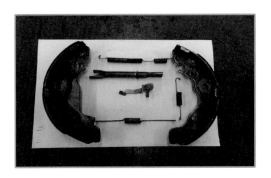

⓫ 브레이크 라이닝 어셈블리를 정렬하고 시험위원의 확인을 받는다.

⓬ 라이닝에 사이드 케이블을 조립한 후 뒤쪽 슈 홀드 다운 스프링을 조립한다.

⑬ 슈 어저스터 → 앞쪽 슈 홀드 다운스프링 → 슈를 조립한다.

⑭ 리턴 스프링을 조립한다.

⑮ 브레이크 라이닝 연결 스프링을 조립한다.

⑯ 조정레버와 조정스프링을 조립한다.

⑰ 허브 너트를 조립하고 키를 펀칭한다.

⑱ 브레이크 드럼을 조립하고 라이닝 간극을 확인한 후 허브 너트에 그리스를 주유, 더스트 캡을 체결한 후 확인받는다.

3-3 휠 실린더 탈 · 부착, 공기빼기

❶ 바퀴를 탈거하고 드럼 고정 스크루를 풀어 드럼을 탈거한다.

❷ 허브 너트를 풀고 허브를 탈거한다.

❸ 브레이크 슈 아래와 위의 리턴스프링을 탈거한다.

❹ 자동조정 레버, 홀더다운 스프링, 핀을 빼내고 브레이크 슈를 탈거한다.

❺ 휠 실린더의 유압파이프를 탈거한다.

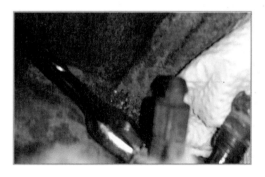

❻ 휠 실린더 체결볼트를 탈거한다.

❼ 휠 실린더를 탈거하여 시험위원의 확인을 받는다.

❽ 휠 실린더의 유압파이프를 체결한다.

❾ 브레이크 라이닝을 모두 조립한다.

❿ 브레이크드럼, 허브 너트, 더스트 캡을 체결한다.

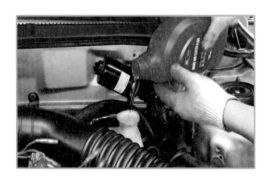

⓫ 브레이크 마스터 실린더에 오일을 보충한다.

⓬ 브레이크 페달을 여러 번 밟아준다.

⑬ 브레이크 페달을 밟는 동안 에어브리드 스크루를
풀고 잠그기를 반복한다.

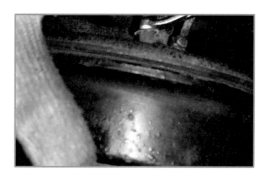

⑭ 에어를 빼고 난 후 에어브리드 스크루를 다시 완
전히 잠근다.

⑮ 분해했던 부분들을 모두 재조립하고 주변을 정리
한다.

⑯ 시동을 걸어 40km/h까지 속도를 올린 후 제동을
걸어보고 시험위원에게 확인을 받는다.

주어진 자동차에서 시험위원의 지시에 따라 제동장치의 (좌 또는 우측) 브레이크 캘리퍼를 탈거(시험위원에게 확인)하고, 다시 조립하여 공기빼기 작업 후 브레이크의 작동 상태를 확인하시오.

3-4 브레이크 캘리퍼 탈 · 부착 작업

❶ 휠 고정 너트를 탈거한다.

❷ 바퀴를 탈거한다.

❸ 유압 호스에서 오일이 새지 않도록 플라스틱 플라이어를 물려둔다.

❹ 유압 호스 고정 볼트를 뽑아 유압 호스를 탈거한다.

⑤ 캘리퍼를 약간 들어올려 브레이크 패드를 탈거
한다.

⑥ 캘리퍼 고정 볼트를 탈거한다.

⑦ 캘리퍼를 탈거하여 시험위원에게 확인받는다.

⑧ 캘리퍼 조립을 위해 피스톤을 압축한다.

⑨ 브레이크 패드를 끼운다.

⑩ 브레이크 오일 호스를 다시 고정한다.

⑪ 캘리퍼 고정 볼트를 다시 끼운다.

⑫ 휠 고정 너트를 다시 고정한다.

⑬ 마스터 실린더에 브레이크 오일을 가득 채워준다.

⑭ 브레이크 페달을 여러 번 밟으면서 공기빼기 작업을 한다.

⑮ 브리더 파이프에서 공기빼기 작업을 계속 진행한다.

⑯ 시동을 걸어 40km/h까지 속도를 올린 후 제동을 걸어보고 시험위원에게 확인을 받는다.

3-5 브레이크 패드 탈 · 부착 작업

▲ 브레이크 패드 탈 · 부착 작업

❶ 타이어를 탈거한다.

❷ 탈거 작업의 편의를 위해 허브를 밖으로 돌린다.

❸ 캘리퍼 하단 슬라이딩 볼트를 탈거한다.

❹ 캘리퍼 피스톤 어셈블리를 위로 들어올린다.

❺ 브레이크 패드를 탈거한다.

❻ 브레이크 패드 정렬 후 시험위원에게 확인받는다.

❼ 브레이크 패드를 정위치하고 조립한다.

❽ 유압에 밀린 피스톤을 압축기를 이용하여 압축한다.

❾ 캘리퍼를 내리고 슬라이딩 상, 하단 볼트를 조립한다.

❿ 바퀴를 장착한 후 시험위원에게 확인받는다.

3-6 타이로드 앤드

❶ 타이어를 탈거한다.

❷ 탈거 작업의 편의를 위해 허브를 밖으로 돌린다.

❸ 타이로드 앤드 볼조인트의 고정 너트를 풀어준다.

❹ 2개의 오픈렌치를 이용하여 타이로드 고정 너트 를 풀어준다.

❺ 특수공구를 타이로드 앤드 볼조인트에 설치한다.

❻ 특수공구를 이용하여 너클에서 타이로드 앤드 볼 조인트를 분리한다.

❼ 탈거한 타이로드 앤드를 확인받는다.

❽ 타이로드 앤드를 회전시켜 조립한다.

❾ 앤드 고정 너트를 확실히 조인다.

❿ 고정 너트 고정 핀을 고정한다.

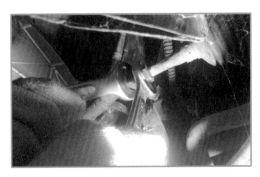

⓫ 2개의 오픈렌치를 이용하여 타이로드 고정 너트
를 확실히 조인다.

⓫ 조향 휠의 직진 상태를 확인한다.

3-7 오일 펌프(PS) 탈 · 부착

❶ 오일 펌프의 부착 볼트 위치를 확인한다.

❷ 오일 펌프 출구 파이프를 탈거한다.

❸ 오일 펌프 상, 하부 고정볼트를 이완시킨다.

❹ 오일 펌프 장력조정 볼트를 이완시킨다.

❺ 오일 펌프 흡입구 호스를 탈거한다.

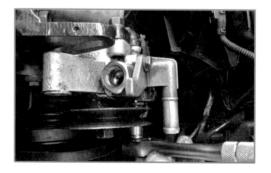

❻ 오일 펌프의 하부 고정볼트를 탈거한다.

❼ 오일 펌프를 탈거한 후 확인을 받는다.

❽ 오일 펌프를 엔진에 장착한다.

❾ 오일 펌프 벨트를 장착한다.

❿ 오일 펌프 입출구 호스를 장착한다.

⓫ 오일 펌프 부착 상태를 점검한다.

⓬ 오일 펌프에 오일을 보충한다.

⑬ 핸들을 좌우로 돌리면서 유압라인의 에어를 빼준다.   ⑭ 주변을 정리하고 확인을 받는다.

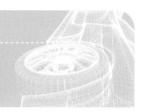
새시 **1** 주어진 자동차에서 시험위원의 지시에 따라 자동변속기 오일 압력을 점검하고 기록 · 판정하시오.

4-1 AT 오일 압력점검

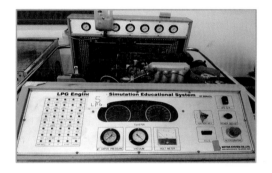

❶ 측정할 엔진을 워밍업시키고 공전 상태에서 AT 오일량을 확인한다(HOT 범위).

❷ 변속 레인지(P-R-N-D-2-1)를 3회 정도 작동시켜 오일을 순환시킨다.

❸ R레인지에서 2,500rpm으로 작동시킨다.

❹ 로 앤 리버스 측정값(14kgf/cm²)을 판독한다.

✏️ **답안지 작성**

항목	측정(또는 점검)		판정 및 정비(또는 조치) 사항		득점
	측정값	규정(정비한계)값	판정(□에 '✔' 표)	정비 및 조치 사항	
로 앤 리버스 브레이크 오일 압력	13.5kgf/cm²	13~18kgf/cm²	☑ 양 호 □ 불 량	정비 및 조치 사항 없음	

📋 **답안지 작성 요령**

1) 측정
① **측정값** : 수검자가 로 앤 리버스 브레이크 압력을 측정한 후 기록한다.
② **규정(정비한계)값** : 정비지침서를 확인해서 기록하거나 시험위원이 제시한 값으로 기록한다.

2) 판정 및 정비(또는 조치) 사항
① **판정** : 수검자가 측정한 값이 규정(정비한계)값 이내이므로 양호에 '✔' 표시를 한다.
② **정비 및 조치 사항** : 판정이 양호이므로 정비 및 조치 사항 없음을 기록한다.

▼ EF 쏘나타 자동변속기 오일 압력 규정값

측정 조건			기준 유압(kgf/cm²)						
변속 선택	변속단 위치	엔진 회전수 rpm	언더드라이브 클러치압 (UD)	리버스 클러치압 (REV)	오버드라이브 클러치압 (OD)	로&리버스 브레이크압 (LR)	세컨드 브레이크압 (2ND)	댐퍼 클러치 공급압(DA)	댐퍼 클러치 해방압(DR)
P	–	2,500	–	–	–	2.7~3.5	–	–	–
R	후진	2,500	–	13.0~18.0	–	13.0~18.0	–	–	–
N	–	2,500	–	–	–	2.7~3.5	–	–	–
D	1속	2,500	10.3~10.7	–	–	10.3~10.7	–	–	–
	2속	2,500	10.3~10.7	–	–	–	10.3~10.7	–	–
	3속	2,500	8.0~9.0	–	8.0~9.0	–	–	7.5 이상	0~0.1
	4속	2,500	–	–	8.~9.0	–	8.0~9.0	7.5 이상	0~0.1

새시 **1** 주어진 자동차에서 시험위원의 지시에 따라 인히비터 스위치와 변속 선택 레버 위치를 점검하고 기록 · 판정하시오.

4-2 인히비터 스위치 점검

❶ 자동변속기 차량에서 인히비터 스위치 커넥터를 탈거한다.

❷ 선택레인지를 N에 위치한다.(인히비터 스위치와 링크 중립 홈이 일치하는지 확인한다.)

❸ 중립 홈이 일치하지 않으면 인히비터 스위치 보디를 회전시켜 조정한다.

❹ 선택레인지를 P, R, N, D 순서로 선택하고 인히비터 스위치 단자별 통전 상태를 확인한다.

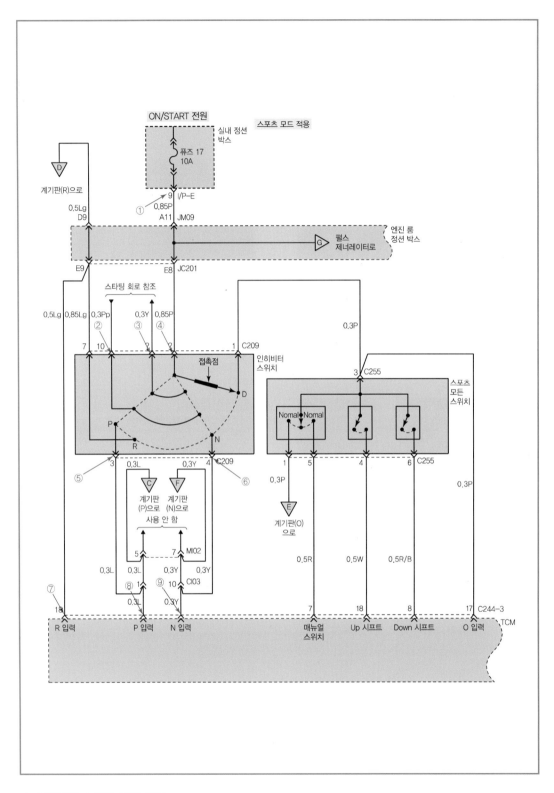

ON/START 전원

실내 정선 박스

스포츠 모드 적용

퓨즈 17
10A

① 0.85P
9 I/P-E
A11 JM09

계기판(R)으로

0.5Lg
D9

엔진 룸 정선 박스

펄스 제너레이터로

E9   E8 JC201

스타팅 회로 참조

0.5Lg 0.85Lg 0.3Pp   0.3Y 0.85P

② ③ ④

7 10   2 2   1 C209

0.3P

인히비터 스위치

접촉점

D

3 C255

스포츠 모든 스위치

P

R   N

Nomal◆Nomal   Up 시프트   Down 시프트

3 C209

⑤ ⑥

1   5   4   6 C255

0.3L   0.3Y

C   F

계기판 (P)으로   계기판 (N)으로

사용 안 함

0.3P

E

계기판(O) 으로

5   7 MI02

0.3L   0.3L   0.3Y   0.3Y CI03

⑦

18   ⑧ 1   ⑨ 10

0.3L   0.3Y

0.5R   0.5W   0.5R/B   0.3P

18   7   18   8   17 C244-3

R 입력   P 입력   N 입력   매뉴얼 스위치   Up 시프트   Down 시프트   O 입력   TCM

▲ 인히비터 스위치 회로 점검

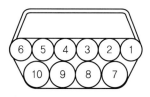

▲ C 209 커넥터와 단자배열

항목	단자번호									
	1	2	3	4	5	6	7	8	9	10
P			●					●	●	●
R							●	●		
N				●				●	●	●
D	●							●		

▲ 변속 레인지별 통전 상태

📝 답안지 작성

| 항목 | 측정(또는 점검) | | 판정 및 정비(또는 조치) 사항 | | 득점 |
	점검위치	내용 및 상태	판정(□에 '✔' 표)	정비 및 조치 사항	
변속 선택 레버	N단	변속 선택 레버의 위치와 인히비터 스위치의 위치가 동일함	☑ 양 호 □ 불 량	정비 및 조치사항 없음	
인히비터 스위치	N단				

📋 답안지 작성 요령

1) **측정(또는 점검)**
   ① **점검위치** : 수검자가 변속 레버를 N단으로 했을 때 인히비터 스위치도 N단으로 확인되는지의 내용을 기록한다.
   ② **내용 및 상태** : 변속 선택 레버의 위치와 인히비터 스위치의 위치가 동일함을 기록한다.

2) **판정 및 정비(또는 조치) 사항**
   ① **판정** : 변속 선택 레버의 위치와 인히비터 스위치의 위치가 동일하므로 양호에 '✔' 표시를 한다.
   ② **정비 및 조치 사항** : 판정이 양호하므로 정비 및 조치사항 없음을 기록한다.

■ **인히비터 스위치와 컨트롤 케이블의 조정 방법**

1. 변속 선택 레버를 N 레인지로 선정한다.
2. 매뉴얼 컨트롤 레버 연결 조정 너트를 풀고 컨트롤 케이블과 레버를 자유롭게 한다.
3. 매뉴얼 컨트롤 레버의 선단과 인히비터 스위치 보디 플랜지부의 구멍이 일치하도록 인히비터 스위치 보디를 회전시켜 조정한다.
4. 인히비터 스위치 보디의 체결 볼트를 규정토크로 조인다.
5. 이때 스위치 보디가 비뚤어지지 않도록 주의한다.
6. 변속레버가 N레인지로 되어 있는가를 확인한다.
7. 변속레버의 각 레인지에 상응하는 작동이 되는지 확인한다.

4-3 AT 자기진단

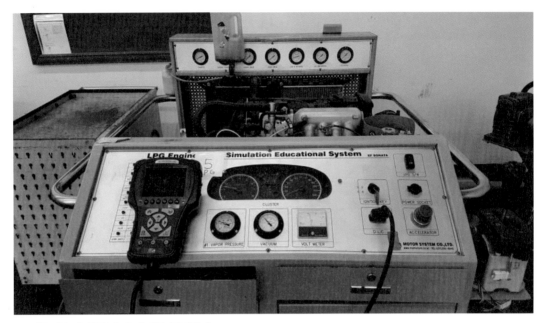

▲ 자동변속기 차량과 스캐너를 준비한다.

❶ 점화스위치의 ON 상태를 확인한다.

❷ 스캐너를 차량과 연결한 후 전원을 ON하고 작동 상태를 확인한다.

❸ 차량통신을 선택한다.

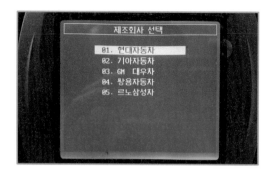

❹ 제조회사를 선택한다.

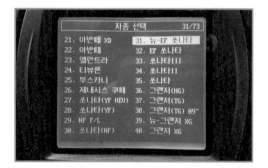

❺ 차종을 선택한다.

❻ 자동변속을 선택한다.

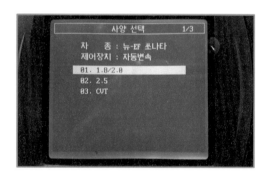

❼ 사양을 선택한다.

❽ 자기진단을 선택한다.

❾ 고장부분을 확인한다.(변속레버스위치)

❿ 커넥터의 위치와 체결 상태를 확인한다.

⓫ 커넥터를 확실히 체결한다.

⓬ F1으로 기억소거를 해준다.

⓭ 다시 진단하여 결과를 확인한다.

⓮ 주변을 정리하고 답안을 작성한다.

✏️ 답안지 작성

항목	측정(또는 점검)		판정 및 정비(또는 조치) 사항		득점
	이상 부위	내용 및 상태	판정(□에 '✔' 표)	정비 및 조치 사항	
변속기 자기진단	변속레버스위치	커넥터 탈거	□ 양 호 ☑ 불 량	커넥터를 체결하고 기억소거 후 재점검	

🗒️ 답안지 작성 요령

1) 측정
   ① **이상 부위** : 스캐너의 자기진단 화면에 출력된 변속레버스위치를 기록한다.
   ② **내용 및 상태** : 커넥터 탈거를 기록한다.

2) 판정 및 정비(또는 조치) 사항
   ① **판정** : 자기진단 결과 고장부위가 출력되었고 커넥터가 탈거되었으므로 불량에 '✔' 표시를 한다.
   ② **정비 및 조치 사항** : 커넥터를 체결하고 기억소거 후 재점검을 기록한다.

4-4 ABS 자기진단

▲ ABS 장착 차량과 스캐너를 준비한다.

❶ 차량통신을 선택한다.

❷ 제조회사를 선택한다.

❸ 차종을 선택한다.

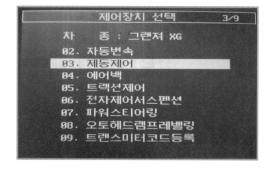

❹ 제어장치에서 제동제어를 선택한다.

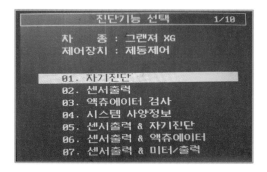

❺ 진단기능에서 자기진단을 선택한다.

❻ 고장코드를 확인한다.(앞 좌측 휠 센서 단선/단락)

❼ 앞 좌측 휠 스피드 센서의 커넥터 탈거 상태를 확인한다.

❽ 앞 좌측 휠 스피드 센서의 커넥터를 체결한다.

❾ 다시 진단하여 결과를 확인한다.

❿ 주변을 정리하고 답안을 작성한다.

✎ 답안지 작성

항목	측정(또는 점검)		판정 및 정비(또는 조치) 사항		득점
	이상 부위	내용 및 상태	판정(□에 '✔' 표)	정비 및 조치 사항	
ABS 자기진단	앞 좌측 휠 센서	커넥터 탈거	□ 양 호 ☑ 불 량	커넥터를 체결하고 기억소거 후 재점검	

📋 답안지 작성 요령

1) 측정
   ① **이상 부위** : 스캐너의 자기진단 화면에 출력된 앞 좌측 휠 센서를 기록한다.
   ② **내용 및 상태** : 커넥터 탈거를 기록한다.

2) 판정 및 정비(또는 조치) 사항
   ① **판정** : 자기진단 결과 고장부위가 출력되었고 커넥터가 탈거되었으므로 불량에 '✔' 표시를
   한다.
   ② **정비 및 조치 사항** : 커넥터를 체결하고 기억소거 후 재점검을 기록한다.

4-5 ECS 자기진단

❶ 스캐너의 전원단자를 운전석 밑 커넥터와 연결한다.

❷ 스캐너의 전원을 켠다.

❸ 차량통신을 선택한다.

❹ 제조회사를 선택한다.

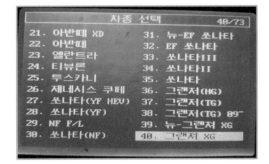

❺ 차종을 선택한다.

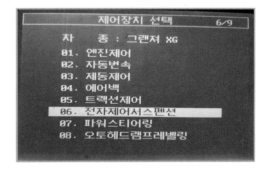

❻ 전자제어 서스펜션을 선택한다.

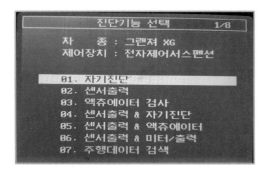

❼ 자기진단을 선택한다.

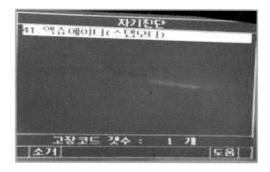

❽ ECS의 이상 부위가 표출된다.

❾ 액추에이터 커넥터 부위를 점검한다.

❿ 탈거된 커넥터를 확실히 체결한다.

⓫ F1으로 기억소거 후 재점검한다.

⓬ 주변을 정리하고 답안을 작성한다.

✏️ 답안지 작성

항목	측정(또는 점검)		판정 및 정비(또는 조치) 사항		득점
	이상 부위	내용 및 상태	판정(□에 '✔' 표)	정비 및 조치 사항	
전자제어 현가장치 자기진단	액추에이터	커넥터 탈거	□ 양 호 ☑ 불 량	커넥터를 체결하고 기억소거 후 재점검	

📋 답안지 작성 요령

1) 측정
  ① **이상 부위** : 스캐너의 자기진단 화면에 출력된 액추에이터를 기록한다.
  ② **내용 및 상태** : 커넥터 탈거를 기록한다.

2) 판정 및 정비(또는 조치) 사항
  ① **판정** : 자기진단 결과 고장부위가 출력되었고 커넥터가 탈거되었으므로 불량에 '✔' 표시를 한다.
  ② **정비 및 조치 사항** : 커넥터를 체결하고 기억소거 후 재점검을 기록한다.

05 새시 검사

새시	**1**	주어진 자동차에서 시험위원의 지시에 따라 (앞 또는 뒤) 제동력을 측정하여 기록 · 판정하시오.

5-1 제동력

▲ 측정장비와 차량을 준비한다.

❶ 장비에 전원을 공급하고 모니터의 프로그램을 실행한다.

❷ 차량정보를 입력하고 측정항목을 체크한다.

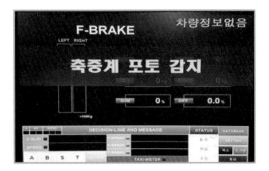

❸ 모니터에 작업내용이 나온다.

❹ 차량(앞축중)을 포토감지기에 진입한다.

❺ 리프트 하강 후 지시에 따라 앞제동력을 측정한다.

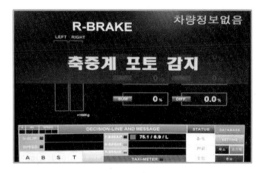

❻ 지시에 따라 뒤축중을 포토감지기에 올린다.

❼ 리프트 하강 후 지시에 따라 뒷제동력을 측정한다.

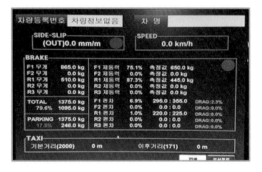

❽ 측정결과를 확인한 후 양호 혹은 불량을 판정한다.

✏️ 답안지 작성

측정(또는 점검)					판정			
항 목	구분	측정값	기준값(%)		산출근거 및 제동력		판정	득점
			편차	합	편차(%)	합(%)	(□에 '✔' 표)	
제동력 위치 (□에 '✔' 표) ☑ 앞 □ 뒤	좌	295kgf	8% 이하	50% 이상	$\dfrac{355-295}{865}\times100$ $=6.9\%$ 6.9%	$\dfrac{355+295}{865}\times100$ $=75.1\%$ 75.1%	☑ 양 호 □ 불 량	
	우	355kgf						

📋 답안지 작성 요령

1) 측정

① **항목의 제동력 위치** : 시험위원이 지정하는 위치에 '✔' 표시를 한다.

② **측정값** : 수검자가 제동력을 측정한 값 좌 : 295kgf, 우 : 355kgf을 기록한다.

③ **기준값** : 제동력 편차와 합은 검사 기준값을 기록한다.

2) 판정

① **산출근거 및 제동력**

$$좌, 우 제동력의 편차 = \frac{좌, 우 제동력의 편차}{차량 중량} \times 100 = \frac{355-295}{865} \times 100 = 6.9\%$$

$$좌, 우 제동력의 합 = \frac{좌, 우 제동력의 합}{차량 중량} \times 100 = \frac{355+295}{865} \times 100 = 75.1\%$$

② **판정** : 측정한 값과 기준값을 비교하여 판정한다.

■ **제동력 기준값**

- 제동력 총합 : $\dfrac{앞 \cdot 뒤 \cdot 좌 \cdot 우 \cdot 제동력의 합}{차량 중량} \times 100 = 50\%$ 이상 양호

- 앞 제동력 합 : $\dfrac{앞 \cdot 좌 \cdot 우 \cdot 제동력의 합}{앞 축중} \times 100 = 50\%$ 이상 양호

- 뒤 제동력 합 : $\dfrac{뒤 \cdot 좌 \cdot 우 \cdot 제동력의 합}{뒤 축중} \times 100 = 20\%$ 이상 양호

- 제동력 편차 : $\dfrac{큰 쪽 제동력 - 작은 쪽 제동력}{해당 축중} \times 100 = 8\%$ 이하 양호

5-2 최소회전반경

❶ 줄자를 이용하여 앞바퀴와 뒷바퀴의 중심이 되는 허브위치에서 축거를 측정한다.

❷ 차량을 턴테이블 위에 위치시킨다.

❸ 턴테이블 고정 핀을 제거한다.

❹ 우회전 반경은 좌측 바퀴의 조향각을 측정한다. 핸들을 최대 회전하여 측정값을 읽는다.

❺ 측정값을 확인한 후 기록한다.

❻ 주변을 정리하고 답안을 작성한다.

✎ 답안지 작성

항목	측정(또는 점검)			판정 및 정비(또는 조치) 사항		득점
	최대조향각 (□에 '✔' 표)	기준값 (최소회전반경)	측정값 (최소회전반경)	판정 (□에 '✔' 표)	정비 및 조치 사항	
회전방향 (□에 '✔' 표) □ 좌 ☑ 우	☑ 좌측바퀴 □ 우측바퀴 조향각 : 27°	12m 이내	6.2m	☑ 양 호 □ 불 량	정비 및 조치 사항 없음	

▤ 답안지 작성 요령

1) 측정

① **회전방향 위치** : 시험위원이 지정하는 위치에 '✔' 한다.

② **최대조향각** : 수검자가 측정한 위치와 조향각 27°를 기록한다.

③ **기준값** : 최소회전반경의 검사 안전 기준값을 기록한다.

④ **측정값** : 최소회전반경을 측정한 값 6.2m를 기록한다.

$$R = \frac{L}{\sin\alpha} + r \qquad R = \frac{2.7m}{\sin 27°} + 0.3m = 6.2m$$

- R = 최소회전반경
- $\sin\alpha$ = 선회 시 바깥쪽 바퀴의 최대 각
- L = 축거
- r = 바퀴 접지면의 중심과 킹핀과의 거리

2) 판정 및 정비(또는 조치)사항

① **판정** : 측정한 값이 12m 이내이므로 양호에 '✔' 표시를 한다.

② **정비 및 조치 사항** : 정비 및 조치 사항 없음을 기록한다.

MEMO

Craftsman Motor
Vehicles Maintenance

자동차정비기능사 실기

03

전기

부품 탈거, 부착, 작동 상태 확인

03 전기

전기	1	주어진 자동차에서 발전기를 탈거(시험위원에게 확인)한 후 다시 부착하여 벨트 장력이 규정값에 맞는지 확인하시오.

1-1 발전기 탈 · 부착 & 작동시험

❶ 점화스위치를 OFF 상태로 한다.

❷ 배터리의 (−)단자를 탈거한다.

❸ 발전기 B단자와 L단자를 탈거한다.

❹ 발전기 하단부 고정 볼트를 탈거한다.

❺ 팬 벨트 장력 조절 볼트를 푼다.

❻ 팬 벨트를 탈거한다.

❼ 발전기 상단부 고정 볼트를 탈거한다.

❽ 발전기를 탈거한다.

❾ 탈거한 발전기를 시험위원에게 확인받는다.

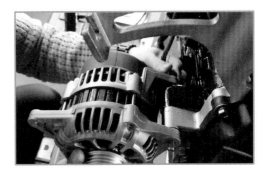

❿ 발전기를 엔진에 장착한다.

⓫ 발전기 상단부의 고정 볼트를 조립한다.

⓬ 팬 벨트를 조립한다.

⓭ 팬 벨트 장력을 조정 볼트로 조절한다.

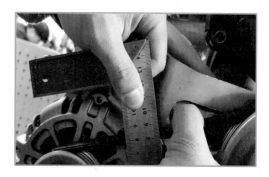

⓮ 팬 벨트 장력을 확인한다.

⓯ 발전기 B단자를 조립한다.

⓰ 발전기 L단자를 조립한다.

⑰ 발전기 하단부의 고정 볼트를 조립한다.

⑱ 배터리의 (−)단자를 체결한다.

1-2 기동모터 탈 · 부착 & 작동시험

❶ 점화스위치 OFF 상태에서 배터리의 (−)단자를 탈거한다.

❷ 기동전동기의 ST단자를 탈거한다.

❸ 기동전동기의 B단자를 탈거한다.

❹ 기동전동기의 고정 볼트를 탈거한다.

❺ 기동전동기를 탈착한 후 시험위원에게 확인받는다.

❻ 엔진에 기동전동기를 부착한다.

❼ 기동전동기의 고정 볼트를 손으로 조립한다.

❽ 공구를 이용해 고정 볼트를 조립한다.

❾ 기동모터의 B단자를 조립한다.

❿ 기동모터의 ST단자를 조립한다.

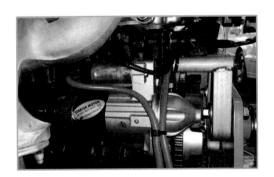

⓫ 조립된 기동전동기 주변을 정리하고 배터리 단자를 체결한다.

⓬ 크랭킹을 시켜 기동모터가 작동되는지 확인한다.

1-3 점화플러그 및 고압 케이블 탈 · 부착 & 작동시험

❶ DOHC 기관에서 점화플러그 및 고압 케이블의 위치를 확인한다.

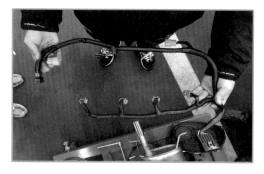

❷ 점화코일 와이어링 하니스를 탈거한다.

❸ 탈거할 고압케이블을 확인한다.

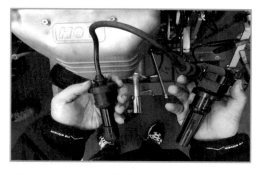

❹ 고압케이블을 탈거한다.

❺ DOHC 전용 플러그 렌치를 사용하여 점화플러그를 탈거한다.

❻ 탈거한 점화플러그와 케이블을 시험위원에게 확인받는다.

❼ 점화플러그를 특수공구에 장착한다.

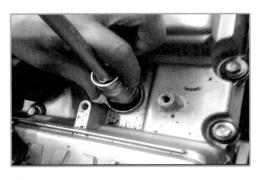

❽ 점화플러그를 헤드에 삽입한다.

❾ 점화플러그를 규정토크로 조인다.

❿ 점화코일과 고압케이블을 장착한다.

⓫ 점화코일 와이어링 하니스를 조립한다.

⓬ 크랭킹을 시켜 시동을 걸어 시험위원의 확인을 받는다.

1-4 와이퍼 모터 탈 · 부착 & 작동시험

❶ 작업할 차량을 선택한다.

❷ 카울탑 커버와 블레이드 고정너트 캡과 너트를 탈거한다.

❸ 보닛을 열고 와이퍼 모터 부착위치를 확인한다.

❹ 와이퍼 모터 커넥터를 탈거한다.

❺ 와이퍼 모터 부착 볼트를 탈거한다.

❻ 와이퍼 모터를 탈거한다.

❼ 탈거한 와이퍼 모터를 확인받는다.

❽ 와이퍼 모터를 부착한다.

❾ 와이퍼 모터 볼트를 체결한다.

❿ 모터 뒤쪽의 너트 체결에 유의한다.

⑪ 적절하게 유격을 확인한다.

⑫ 와이퍼 블레이드와 카울탑 커버를 부착한다.

⑬ 와이퍼 모터의 조립 완료 상태를 확인한다.

⑭ 작동을 시험하고 시험위원에게 확인받는다.

전기 **1** 자동차에서 다기능 스위치(콤비네이션 S/W)를 탈거(시험위원에게 확인)한 후 다시 부착하여 다기능 스위치가 작동되는지 확인하시오.

1-5 다기능 스위치 탈 · 부착 & 작동시험

❶ 점화스위치 OFF 후 배터리의 (−)단자를 탈거한다.

❷ 핸들 에버백 인슐레이터 고정 볼트를 분해한다. (별각렌치)

❸ 에어백 인슐레이터 커버를 분리한다.

❹ 에어백 인슐레이터 커넥터를 분리한다.

❺ 스티어링 휠 너트를 탈거한다.

❻ 스티어링 휠을 탈거한다.

❼ 다기능 스위치 커넥터를 탈거한다.

❽ 다기능 스위치를 탈거한다.

❾ 다기능 스위치를 시험위원에게 확인받는다.

❿ 다기능 스위치를 부착한다.

⓫ 에어백과 혼 커넥터를 체결한다.

⓬ 핸들과 너트를 체결한다.

⑬ 에어백 인슐레이터 커버를 조립한다.

⑭ 핸들 에버백 인슐레이터 고정 볼트를 조립한다.
(별각렌치)

⑮ 배터리의 (−)단자를 탈거한다.

⑯ 다기능 스위치가 작동되는지 시험위원에게 확인
받는다.

1-6 경음기와 릴레이 탈 · 부착 & 작동시험

❶ 경음기 위치를 확인한다.

❷ 경음기 커넥터를 탈거한다.

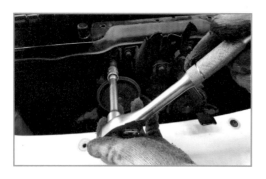

❸ 경음기 고정 볼트를 제거한다.

❹ 경음기를 탈거한다.

❺ 경음기 릴레이의 위치를 확인한다.

❻ 경음기 릴레이를 탈거한다.

❼ 경음기를 조립한다.

❽ 경음기 커넥터를 체결한다.

❾ 경음기 릴레이를 조립한다.

❿ 경음기를 작동하여 시험위원에게 확인받는다.

1-7 윈도 레귤레이터 탈 · 부착 & 작동시험

❶ 작업 차량의 도어를 확인한다.

❷ 델타 몰딩을 탈거한다.

❸ 트림 패널 인사이드 스크루와 도어 핸들 고정 스크루를 탈거한다.

❹ 도어 핸들과 파워윈도 유닛을 탈거한다.

❺ 파워윈도 유닛 탈거 후 커넥터를 정렬한다.

❻ 트림 패널 하단의 스크루를 탈거한다.

❼ 트림 패널 아웃사이드 스크루와 트림 패널을 탈거한다.

❽ 그립과 도어윈도 글라스를 탈거한다.(도어윈도 글라스가 떨어지지 않도록 주의한다).

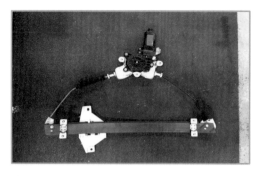

❾ 파워윈도 레귤레이터를 정렬한 후 시험위원의 확
　인을 받는다.

❿ 파워윈도 레귤레이터를 도어 패널 안으로 넣는다.

⓫ 파워윈도 레귤레이터 고정 볼트를 조립한 후 도어윈도 글라스를 들어올리며 조립한다.

⓬ 도어윈도 글라스의 상단 고정 볼트를 조립한다.

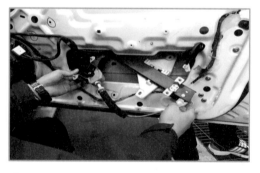

⓭ 윈도 모터 커넥터를 고정한다.

⑭ 그립과 트림 패널을 조립한다.

⑮ 트림 패널 고정 스크루 아웃사이드와 트림 패널 스크루 하단을 조립한다.

⑯ 파워유닛 스위치와 핸들 고정보트를 조립한다.

⓱ 델타 몰딩을 조립한다.

⓲ 파워 윈도의 작동시험을 시험위원에게 확인받는다.

| 전기 | 1 | 주어진 자동차에서 시험위원의 지시에 따라 전조등(헤드라이트)을 탈거(시험위원에게 확인)한 후 다시 부착하여 전조등을 켜서 조사방향(육안검사) 및 작동 여부를 확인한 후 필요하면 조정하시오. |

1-8 전조등 탈 · 부착 & 작동시험

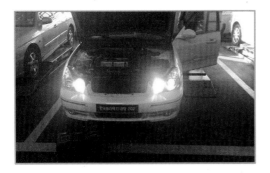

❶ 전조등을 켜서 육안검사 및 작동 상태를 확인한다.

❷ 배터리의 (−)단자를 탈거한다.

❸ 전조등 커넥터를 탈거한다.

❹ 전조등 고정볼트를 탈거한다.

❺ 안쪽 전조등 고정볼트를 탈거한다.

❻ 전조등을 앞으로 꺼낸 뒤 방향지시등 커넥터를 탈거한다.

❼ 탈거한 전조등을 시험위원에게 확인받는다.

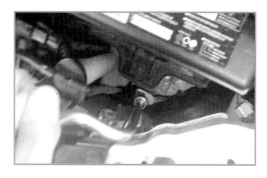

❽ 안쪽 고정볼트를 체결한다.

❾ 좌우측 전조등 고정볼트를 체결한다.

❿ 방향지시등 커넥터를 체결한다.

⓫ 전조등 커넥터를 체결한다.

⓬ 조립을 마친 뒤 전조등 작동 상태를 시험위원에게
확인받는다.

1-9 라디에이터 전동팬 탈 · 부착 & 작동시험

❶ 배터리의 (−)단자를 탈거한 후 라디에이터 전동 팬 커넥터를 탈거한다.

❷ 라디에이터 상(하)부 호스를 탈거한다.

❸ 라디에이터 전동팬 고정볼트를 탈거한다.

❹ 전동팬을 탈거하여 시험위원에게 확인받는다.

❺ 전동팬과 라디에이터 상(하)부 호스를 장착하고 냉각수를 보충한다.

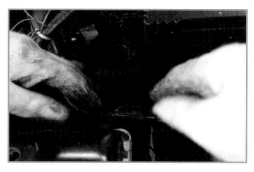

❻ 전동팬 커넥터와 배터리의 (−)단자를 체결하고 작동시켜 시험위원의 확인을 받는다.

1-10 에어컨 필터 탈 · 부착 & 작동시험

❶ 조수석 앞쪽의 글로 박스를 연다.

❷ 양쪽의 글로 박스 고정핀을 탈거한다.

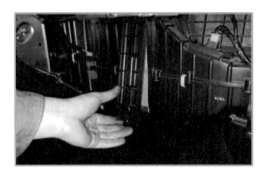

❸ 필터 커버 스위치를 돌려서 탈거한다.

❹ 위아래 필터를 몸쪽으로 들어서 끌어낸다.

❺ 필터 상태를 확인한다.

❻ 새 필터를 홈에 잘 맞도록 밀어 넣어 장착한다.

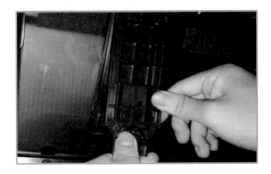

❼ 필터 커버 스위치를 장착한다.

❽ 양쪽의 글로 박스 고정핀을 장착한다.

❾ 조립을 완료하고 주변을 정리한다.

❿ 블로어를 작동시켜 상태를 확인받는다.

※ **주의사항**

　필터 방향은 필터 화살표를 참고하여 화살표가 가리키는 방향이 블로어 모터 쪽을 향하도록 한다.

1-11 │ 에어컨 냉매(R-134a) 충전 & 작동시험

▲ 에어컨 냉매(R-134a) 교환 장비(MS-482)와 차량

❶ 충전기의 압력계와 스위치 기능을 확인한다.

❷ 에어컨 저압라인에 충전기 청색저압밸브를 체결한다.

❸ 에어컨 고압라인에 충전기 적색고압밸브를 체결한다.

❹ 충전기의 전원코드를 연결하고 냉매충전기의 메인 전원을 ON한다.

❺ 가스 이송작업 버튼을 눌러 실행한다.

❻ 회수 버튼을 누른다. 회수가 끝나면 회수량 결과가 화면에 나오고 작업이 완료된다.

❼ 진공 버튼을 선택한 후 진공시간을 설정하고 진행한다.

❽ 신유주입 버튼을 선택한 후 주입량을 확인하고 진행한다.

❾ 충전량과 신유오일주입량을 확인하고 충전한다.

❿ 저압라인과 고압라인의 압력계를 확인한다.

⓫ 충전이 끝나면 냉매 충전기 메인 스위치를 OFF한다.

⓬ 에어컨 작동 상태를 확인한다.

1-12 히터 블로어 모터 탈 · 부착 & 작동시험

❶ 조수석 콘솔박스를 오픈한다.

❷ 콘솔박스를 탈거한다.

❸ 블로어 모터 커넥터를 탈거한다.

❹ 블로어 모터 고정 볼트를 탈거한다.

❺ 블로어 모터를 탈거하여 시험위원에게 확인받는다.

❻ 블로어 모터를 원위치에 부착한다.

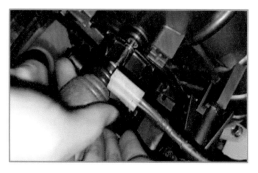

❼ 블로어 모터 고정 볼트를 체결한다.

❽ 고무호스와 커넥터를 체결한다.

❾ 콘솔박스를 조립한다.

❿ 블로어 모터를 작동시켜 확인받는다.

전기 **1** 주어진 자동차에서 에어컨 벨트를 탈거(시험위원에게 확인)한 후 다시 부착하여 벨트 장력까지 점검한 후 에어컨 컴프레서가 작동되는지 확인하시오.

1-13 에어컨 벨트 탈 · 부착 & 작동시험

❶ 에어컨 벨트를 탈 · 부착할 엔진을 선정한다.

❷ 원 벨트 텐션 장력 조정 볼트를 시계방향으로 회전시켜 장력을 풀어준다.

❸ 원 벨트를 탈거한다. 조립 시 회전방향이 바뀌지 않도록 회전방향을 표시한다(→ 표시).

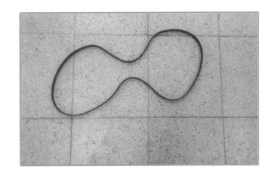

❹ 탈거한 벨트를 정렬한 후 확인받는다.

❺ 벨트를 풀리 위치에 맞춘다.

❻ 원 벨트 텐션 장력 조정 볼트를 시계방향으로 회전시켜 벨트를 풀리에 조립한다.

❼ 텐셔너 고정 볼트가 자동으로 장력을 조정하도록 래칫의 조임동작을 멈춘다.

❽ 주변을 정리한 후 확인받는다.

전기 **1** 주어진 자동차에서 시험위원의 지시에 따라 계기판을 탈거(시험위원에게 확인)한 후 다시 부착하여 계기판의 작동 여부를 확인하시오.

1-14 계기판 탈·부착 & 작동시험

▲ 계기판 탈부착 작업환경

❶ 작업 영역을 넓히기 위해 핸들 칼럼 커버를 탈착한 후 핸들을 아래로 기울인다.

❷ 계기판 커버 하단의 고정 볼트를 탈거한다.

❸ 계기판 커버 상부의 고정 볼트를 탈거한다.

❹ 계기판 커버 케이스를 탈거한다.

❺ 계기판 고정 볼트를 탈거한다.

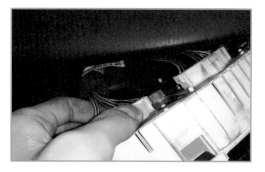

❻ 계기판을 우측으로 젖혀 배선 커넥터를 분리한다.

❼ 계기판을 분해하여 들어낸다.

❽ 계기판을 정렬하고 시험위원의 확인을 받는다.

❾ 계기판 뒤 커넥터를 연결하고 정위치한다.

❿ 계기판 고정 볼트를 조립한다.

⓫ 계기판 및 커버 케이스를 조립한다.

⓬ 틸트를 조절하고 핸들을 정위치한 후 시험위원의
확인을 받는다.

전기 **2** 주어진 자동차에서 시동 모터의 크랭킹 부하시험을 하여 고장부분을 점검한 후 기록 · 판정하시오.

2-1 크랭킹 전류시험

❶ 배터리 전압과 용량을 확인한다.

❷ 시동 모터의 크랭킹 배선을 확인한다.

❸ 시동모터 B단자에 전류계를 설치한 후 영점조정 한다(DC A 선택).

❹ CAS 단자 탈거(시동 불가), 키 스위치를 ST 상태 로 놓고 크랭킹한다.(3∼5회 작동으로 홀드시켜 측정)

✎ 답안지 작성

| 항목 | 측정(또는 점검) | | 판정 및 정비(또는 조치) 사항 | | 득점 |
	측정값	규정(정비한계)값	판정(□에 '✔' 표)	정비 및 조치 사항	
전류 소모	115.8A	180A 이하	☑ 양 호 □ 불 량	정비 및 조치 사항 없음	

📋 답안지 작성 요령

1) 측정

① **측정값** : 수검자가 측정한 전류 소모값 115.8A을 기록한다.

② **규정(정비한계)값** : 배터리에 표시된 용량값 60A의 3배 180A 이하를 기록하거나 시험위원
이 제시한 값으로 기록한다.

2) 판정 및 정비(또는 조치) 사항

① **판정** : 수검자가 측정한 값이 규정(정비한계)값 이내에 있으므로 양호에 '✔'에 표시를 한다.

② **정비 및 조치 사항** : 판정이 양호이므로 정비 및 조치 사항 없음을 기록한다.

2-2 크랭킹 전압 강하 시험

❶ 배터리 전압을 측정한다.

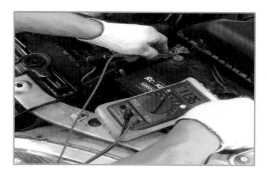

❷ CAS 단자 탈거(시동 불가), 키 스위치를 크랭킹하여 전압강하를 측정한다.

✏️ 답안지 작성

항목	측정(또는 점검)		판정 및 정비(또는 조치) 사항		득점
	측정값	규정(정비한계)값	판정(□에 '✔' 표)	정비 및 조치 사항	
전압 강하	11.36V	9.6V 이상	☑ 양 호 □ 불 량	정비 및 조치 사항 없음	

🗒️ 답안지 작성 요령

1) 측정
   ① **측정값** : 수검자가 측정한 전압 강하값 11.36V를 기록한다.
   ② **규정(정비한계)값** : 배터리 전압 12V의 80%, 9.6V 이상을 기록한다.

2) 판정 및 정비(또는 조치) 사항
   ① **판정** : 수검자가 측정한 값이 규정(정비한계)값 이상에 있으므로 양호에 '✔'에 표시를 한다.
   ② **정비 및 조치 사항** : 판정이 양호이므로 정비 및 조치 사항 없음을 기록한다.

2-3 발전기 충전 전류, 전압 측정

❶ 엔진 시동 전 배터리 전압을 측정한다.

❷ 발전기 자체의 출력(13.5V, 90A)을 확인한다.

❸ 엔진 시동을 걸어 2,500rpm으로 유지한 후 배터리 충전 전압을 측정한다.

❹ 발전기 충전전류 측정을 위해 후크미터를 DCA에 맞추고 영점을 조정한다.

❺ 시동을 걸어 전조등, 에어컨, 열선 등의 전기 부하를 건다.

❻ 발전기 B단자 케이블에 전류계를 설치하여 출력 전류를 측정한다.

✏️ 답안지 작성

항목	측정(또는 점검)		판정 및 정비(또는 조치) 사항		득점
	측정값	규정(정비한계)값	판정(□에 '✔' 표)	정비 및 조치 사항	
충전 전류	15.3A/2,500rpm	⨯	☑ 양 호	정비 및 조치 사항 없음	
충전 전압	14.46V/2,500rpm	13.5~14.9V/2,500rpm	□ 불 량		

📑 답안지 작성 요령

1) 측정
① **측정값** : 수검자가 측정한 충전 전류값 15.3A/2,500rpm, 충전 전압값 14.46V/2,500rpm을 기록한다.

② **규정(정비한계)값** : 발전기 뒤에 표시된 13.5~14.9V/2,500rpm을 기록하거나 시험위원이 제시한 값으로 기록한다.

2) 판정 및 정비(또는 조치) 사항
① **판정** : 수검자가 측정한 값이 규정(정비한계)값 이내에 있으므로 양호에 '✔' 표시를 한다.

② **정비 및 조치 사항** : 판정이 양호이므로 정비 및 조치 사항 없음을 기록한다.

▼ 차량별 규정값

차량별	출력 전압	정격전류	엔진 rpm
쏘나타	13.5V	90A	1,000~18,000rpm
아반떼	13.5V	90A	1,000~18,000rpm
뉴그랜저	12V	90A	1,000~18,000rpm
엑센트	13.5V	75A	1,000~18,000rpm
엘란트라	13.5V	85A	2,500rpm

2-4 점화코일 1, 2차 저항 측정

❶ 멀티 테스터를 저항 측정위치로 준비한다.

❷ 멀티 테스터를 영점 세팅한다.

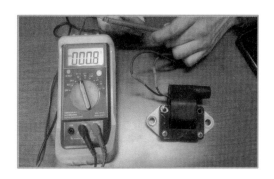

❸ 점화 1차 코일 저항을 측정한다.

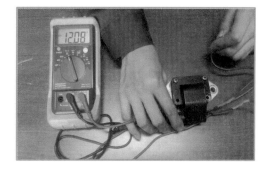

❹ 점화 2차 코일 저항을 측정한다.

✍ 답안지 작성

항목	측정(또는 점검)		판정 및 정비(또는 조치) 사항		득점
	측정값	규정(정비한계)값	판정(□에 '✔' 표)	정비 및 조치 사항	
1차 저항	0.8Ω	$0.80\pm0.08\Omega$	☑ 양 호 □ 불 량	정비 및 조치 사항 없음	
2차 저항	$12.08k\Omega$	$12.1\pm1.8k\Omega$	☑ 양 호 □ 불 량		

🗒 답안지 작성 요령

1) 측정
① **측정값** : 측정한 1차저항 : 0.8Ω, 2차 저항 : $12.08k\Omega$ 을 기록한다.
② **규정(정비한계)값** : 정비지침서의 규정값 1차저항 : $0.80\pm0.08\Omega$, 2차 저항 : $12.1\pm1.8k\Omega$ 을 기록하거나 시험위원이 제시한 값으로 기록한다.

2) 판정 및 정비(또는 조치) 사항
① **판정** : 수검자가 측정한 값이 규정(정비한계)값 이내이므로 양호에 '✔' 표시를 한다.
② **정비 및 조치 사항** : 판정이 양호하므로 정비 및 조치 사항 없음을 기록한다.

▼ 점화코일 규정값

차종	1차 저항(Ω)	2차 저항($k\Omega$)	비고
엘란트라	0.8 ± 0.08	12.1 ± 1.8	
아반떼, 베르나	0.5 ± 0.05	12.1 ± 1.8	
아반떼 XD	0.5 ± 0.05	12.1 ± 1.8	
세피아	$0.81\sim0.99$	$10\sim16$	
EF 쏘나타	0.78	20	

2-5 메인 컨트롤 릴레이 측정

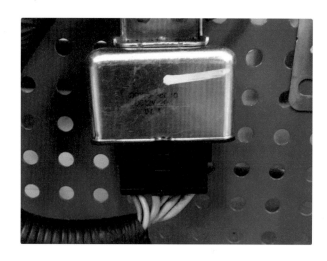

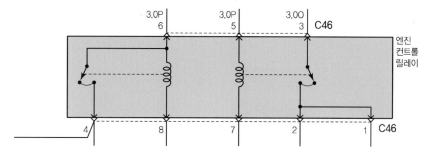

▲ EF 쏘나타 G 2.0 DOHC 메인 컨트롤 릴레이와 회로도

▼ 점검 단자별 통전 여부

점검 단자	통전 여부
6 → 8	항시 통전
6 → 4	6 → 8 전원이 공급되었을 때 통전
5 → 7	항시 통전
3 → 2	5 → 7 전원이 공급되었을 때 통전
3 → 1	5 → 7 전원이 공급되었을 때 통전

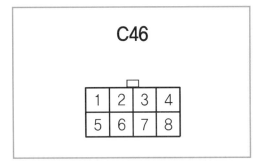

C46

1	2	3	4
5	6	7	8

❶ 회로도에서 핀 번호를 확인한다.

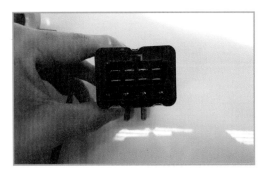

❷ 실물 컨트롤 릴레이 핀 번호를 확인한다.

❸ 6, 8번 단자를 점검한다.(통전)

❹ 5, 7번 단자를 점검한다.(통전)

❺ 6, 4번 단자를 확인한다.(비통전)

❻ 3, 2번 단자를 확인한다.(비통전)

✏️ 답안지 작성

항목	측정(또는 점검)	판정 및 정비(또는 조치) 사항		득점
		판정(□에 '✔' 표)	정비 및 조치 사항	
6, 8번 코일이 여자되었을 때	☑ 양 호 □ 불 량	☑ 양 호 □ 불 량	정비 및 조치 사항 없음	
5, 7번 코일이 여자되었을 때	☑ 양 호 □ 불 량			

🗓 답안지 작성 요령

1) 측정
측정값 : 수검자가 회로도를 보고 컨트롤 릴레이 작동조건에 의해 측정하고 기록한다.

2) 판정 및 정비(또는 조치) 사항
① **판정** : 수검자가 측정한 값이 모두 양호하므로 양호에 '✔' 표시를 한다.
② **정비 및 조치 사항** : 판정이 양호이므로 정비 및 조치 사항 없음을 기록한다.

2-6 ISC 밸브 듀티값 측정(스캐너를 이용한 진단)

❶ ISC 밸브의 위치를 확인한다.

❷ 자기진단기와 차량을 연결한다.

❸ 진단기의 전원을 켜준다.

❹ 시동을 걸고 차량통신을 선택한다.

❺ 제조회사를 선택한다.

❻ 차종을 선택한다.

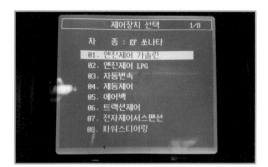

❼ 엔진제어 가솔린을 선택한다.

❽ 사양을 선택한다.

❾ 센서 출력을 선택한다.

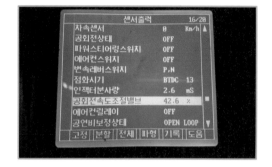

❿ 공회전 속도 조절 밸브 듀티값을 읽는다.

✏️ 답안지 작성

항목	측정(또는 점검)		판정 및 정비(또는 조치) 사항		득점
	측정값	규정(정비한계)값	판정(□에 '✔' 표)	정비 및 조치 사항	
밸브 듀티 (열림 코일)	42.6%	30~35%	□ 양 호 ☑ 불 량	ISC 밸브를 교환 후 ECU 기억 소거 후 재측정	

🗒️ 답안지 작성 요령

1) 측정
① **측정값** : 수검자가 측정한 공회전 속도 조절 밸브 듀티값 42.6%를 기록한다.
② **규정값** : 스캐너의 기준값을 보고 판단하거나 시험위원이 지정한 규정값 30~35%를 기록한다.

2) 판정 및 정비(또는 조치) 사항
① **판정** : 수검자가 측정한 값이 규정값을 벗어나므로 불량에 '✔' 표시를 한다.
② **정비 및 조치 사항** : 판정이 불량이므로 ISC 밸브를 교환하고 ECU 기억 소거 후 재측정을 기록한다.

2-7 ISC 모터 저항 측정

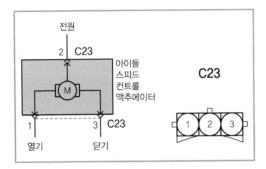

❶ ISC 모터 회로를 확인한다.

❷ ISC 모터 위치를 확인한다.

❸ 2와 3단자에서 닫힘회로 저항을 측정한다.

❹ 1과 2의 열림회로 저항을 측정한다.

✏️ 답안지 작성

항목	측정(또는 점검)		판정 및 정비(또는 조치) 사항		득점
	측정값	규정(정비한계)값	판정(□에 '✔' 표)	정비 및 조치 사항	
ISC 모터 저항	열림 : 15.1Ω 닫힘 : 17.1Ω	15~20Ω	☑ 양 호 □ 불 량	정비 및 조치 사항 없음	

📋 답안지 작성 요령

1) 측정
① **측정값** : 수검자가 측정한 ISC 모터 저항값(열림 : 15.1Ω, 닫힘 : 17.1Ω)을 기록한다.
② **규정(정비한계)값** : 정비지침서 또는 시험위원이 제시한 값 15~20Ω으로 기록한다.

2) 판정 및 정비(또는 조치) 사항
① **판정** : 수검자가 측정한 값이 규정(정비한계)값 이내에 있으므로 양호에 '✔' 표시를 한다.
② **정비 및 조치 사항** : 판정이 양호이므로 정비 및 조치 사항 없음을 기록한다.

2-8 인젝터 코일 저항 측정

❶ 인젝터의 위치를 확인하고 커넥터를 탈거한다.

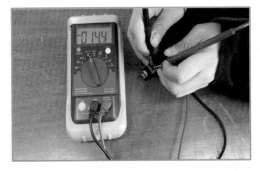

❷ 멀티미터로 인젝터 코일의 저항을 측정한다.

✎ 답안지 작성

항목	측정(또는 점검)		판정 및 정비(또는 조치) 사항		득점
	측정값	규정(정비한계)값	판정(□에 '✔' 표)	정비 및 조치 사항	
코일 저항	14.4 Ω	13~16 Ω	☑ 양 호 □ 불 량	정비 및 조치 사항 없음	

☰ 답안지 작성 요령

1) 측정
　① **측정값** : 수검자가 측정한 코일 저항값 14.4 Ω 을 기록한다.
　② **규정(정비한계)값** : 정비지침서 또는 시험위원이 제시한 값 13~16 Ω 으로 기록한다.

2) 판정 및 정비(또는 조치) 사항
　① **판정** : 수검자가 측정한 값이 규정(정비한계)값 이내에 있으므로 양호에 '✔' 표시를 한다.
　② **정비 및 조치 사항** : 판정이 양호이므로 정비 및 조치 사항없음을 기록한다.

2-9 축전지 비중 및 전압 측정

❶ 축전지 용량시험기로 5초 이내 부하를 주어 전압을 측정한다.

❷ 축전지 벤트플러그를 연다.

❸ 비중계 측정부분을 깨끗하게 닦는다.

❹ 비중계 측정 부분에 전해액을 소량 떨어트리고 덮개를 덮는다.

❺ 비중계를 빛이 드는 방향으로 바라본다.

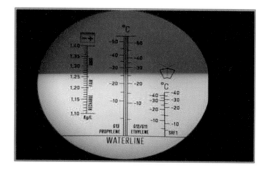

❻ 비중계 각도를 조절하여 측정값을 확인한다.

✎ 답안지 작성

항목	측정(또는 점검)		판정 및 정비(또는 조치) 사항		득점
	측정값	규정(정비한계)값	판정(□에 '✔' 표)	정비 및 조치 사항	
축전지 전해액 비중	1.260	1.260 이상	☑ 양 호 □ 불 량	정비 및 조치 사항 없음	
축전지 전압	12.6V	12.6V 이상			

弖 답안지 작성 요령

1) 측정
   ① **측정값** : 수검자가 측정한 축전지 전해액 비중값 1.260, 축전지 전압값 12.6V를 기록한다.
   ② **규정(정비한계)값** : 축전지 전해액 비중값 1.260 이상, 축전지 전압값 12.6V 이상 또는 시험위원이 제시한 값으로 기록한다.

2) 판정 및 정비(또는 조치) 사항
   ① **판정** : 수검자가 측정한 값이 규정(정비한계)값 이내에 있으므로 양호에 '✔'에 표시를 한다.
   ② **정비 및 조치 사항** : 판정이 양호이므로 정비 및 조치 사항 없음을 기록한다.

▼ 축전지 비중과 전압의 충전 상태

충전 상태	비중(20℃)	배터리 전압	비고
완전 충전	1.260	12.6V 이상	
3/4 충전	1.210	12.0V	
1/2 충전	1.150	11.7V	

2-10 에어컨 라인 압력 측정

❶ 측정차량에 에어컨 매니폴드 게이지를 준비한다.

❷ 저압 에어컨 라인에 청색 호스를 연결한다.

❸ 고압 에어컨 라인에 적색 호스를 연결한다.

❹ 엔진 시동 후 공회전 상태를 유지하고 에어컨을 6단 가동한다.(설정온도는 17℃ 유지)

❺ 엔진 RPM을 2,500~3,000으로 서서히 가속하면서 압력의 변화를 확인한다.

❻ 저압, 고압의 압력을 확인하고 측정한다.
(저압 : 17.5kgf/cm², 고압 : 10.2kgf/cm²)

✏️ 답안지 작성

항목	측정(또는 점검)		판정 및 정비(또는 조치) 사항		득점
	측정값	규정(정비한계)값	판정(□에 '✔' 표)	정비 및 조치 사항	
저압	17.5kgf/cm²	1.5~2kgf/cm²	□ 양 호 ☑ 불 량	냉매회수 후 재충전하고 재측정	
고압	10.2kgf/cm²	14.5~15kgf/cm²			

📋 답안지 작성 요령

1) 측정
  ① **측정값** : 수검자가 측정한 저압 17.5kgf/cm², 고압 10.2kgf/cm²을 기록한다.
  ② **규정(정비한계)값** : 정비지침서에 나온 값 또는 시험위원이 제시한 값으로 기록한다.

2) 판정 및 정비(또는 조치) 사항
  ① **판정** : 수검자가 측정한 값이 규정(정비한계)값을 벗어나므로 불량에 '✔' 표시를 한다.
  ② **정비 및 조치 사항** : 판정이 불량이므로 냉매 회수 후 재충전하고 재측정을 기록한다.

▼ 에어컨 라인 압력 규정값

입력 스위치 차종	고압(kgf/cm²)		중압(kgf/cm²)		저압(kgf/cm²)	
	ON	OFF	ON	OFF	ON	OFF
EF 쏘나타	32.0±2.0		15.5±0.8		2.0±0.2	
그랜저 XG	32.0±2.0	26.0±2.0	15.5±0.8	11.5±1.2	2.0±0.2	2.3±0.25
아반떼 XD	32.0	26.0	14.0	18.0	2.0	2.25
베르나	32.0	26.0	14.0	18.0	2.0	2.25

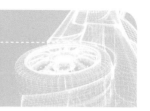

CHAPTER 03 회로점검, 답안 작성

03 전기

전기 **3** 주어진 자동차에서 기동 및 점화회로 고장부분을 점검한 후 기록표에 기록 · 판정하시오.

3-1 기동 및 점화회로 점검

배터리 전원 확인

1) 배터리 전압 확인
2) 배터리 터미널(+, −) 접촉 상태 확인
3) 시동 메인 퓨즈 점검

기동전동기 점검

1) 변속기어 중립 확인
2) 점화스위치 ON 상태 확인
3) 전원을 기동전동기 B단자와 ST단자를 배선 혹은 드라이버를 이용하여 연결한다.
   → 기동전동기 작동상태 확인

1. 시동장치 기본 점검

2. 기동전동기 작동상태 확인

엔진 시동 작업 (시동장치 점검)

3. 시동회로 점검

시동회로 점검

1) 기동전동기 ST단자 전압 확인(단선)
2) 점화스위치 점검 단자 전압 및 커넥터 탈거 상태 점검
3) 시동 릴레이 점검 전원 공급 단품 점검
4) 인히비터 스위치 점검(P, N단자)

▲ 시동 회로 점검 요령

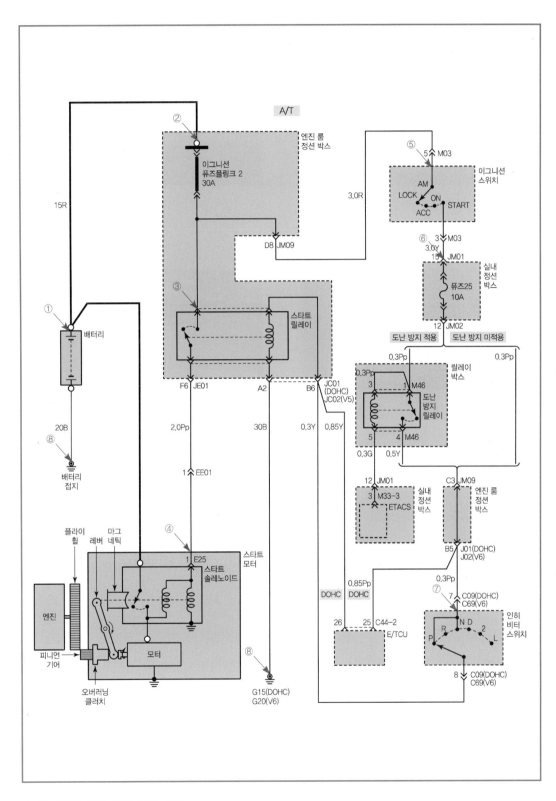

▲ 기동장치 주요 부위 회로 점검

❶ 배터리 터미널의 체결 상태를 확인한다.

❷ 정션 박스의 이그니션 퓨즈블링크(30A)를 확인
한다.

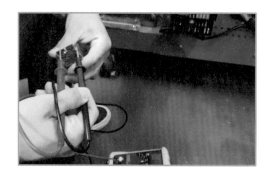

❸ 정션 박스의 스타트 릴레이를 확인 · 점검한다.

❹ 기동전동기의 S/T단자를 확인 · 점검한다.

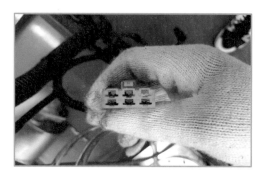

❺ 점화스위치 커넥터 및 단자를 확인한다.

❻ 점화스위치 단자별 자체 상태를 확인한다.

❼ 실내 정션 박스의 시동 퓨즈(10A)를 확인한다.

❽ 인히비터 스위치를 점검한다.

❾ 인히비터 스위치 레인지 확인(P, N 레인지)

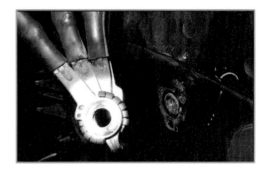

❿ 차체 접지 상태를 확인한다.

✍ 답안지 작성

항목	측정(또는 점검)		판정 및 정비(또는 조치) 사항		득점
	이상 부위	내용 및 상태	판정(□에 '✔' 표)	정비 및 조치 사항	
기동 회로 및 점화	이그니션 퓨즈블링크	단선	□ 양 호 ☑ 불 량	이그니션 퓨즈블링크 교환	

📋 답안지 작성 요령

1. 측정(또는 점검)

　① **이상 부위** : 기동 및 점화회로를 점검하고 작동되지 않는 이그니션 퓨즈블링크를 기록한다.

　② **내용 및 상태** : 이상 부위의 상태, 단선을 기재한다.

2. 판정 및 정비(또는 조치) 사항

　① **판정** : 단선되어 작동되지 않으므로 불량에 '✔' 표시를 한다.

　② **정비 및 조치 사항** : 이상 부위의 내용, 즉 이그니션 퓨즈블링크 교환을 기록한다.

■ **전선 피복의 색 분류**

전선을 구분하기 위한 전선의 색은 전선 피복의 주색과 보조띠 색의 순서로 표시한다.

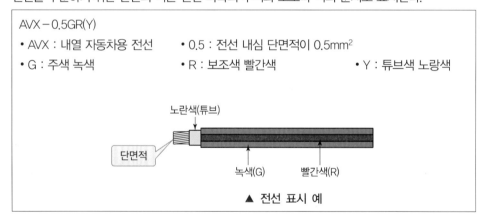

AVX − 0.5GR(Y)
- AVX : 내열 자동차용 전선
- 0.5 : 전선 내심 단면적이 0.5mm²
- G : 주색 녹색
- R : 보조색 빨간색
- Y : 튜브색 노랑색

▲ 전선 표시 예

NOTE

전선 종류(온도에 따른 분류)

AV(Automotive Vinylon) : 80℃(자동차용 비닐)

AVX(Automotive Vinyl eXtra) : 90℃(내열 자동차 비닐)

AEX(Automotive polyEthylene eXtra) : 110℃(고압선)

기호	영문	색	기호	영문	색
B	Black	검은색	O	Orange	오렌지
Be	Beige	베이지색	P	Pink	분홍색
Br	Brown	갈색	Pp	Purple	자주색
G	Green	녹색	R	Red	빨간색
Gr	Gray	회색	T	Tawniness	황갈색
L	Blue	청색	W	White	흰색
Lg	Light green	연두색	Y	Yellow	노란색
Lb	Light blue	연청색			

3-2 점화회로 점검

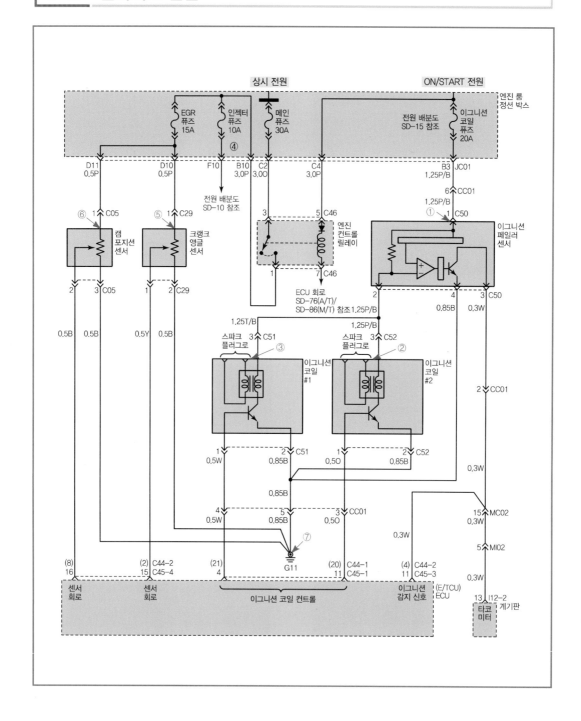

❶ 엔진 룸 정선 박스의 메인 퓨즈(30A)를 점검한다.

❷ 이그니션페일러 센서의 커넥터를 점검한다.

❸ 점화코일의 장착 상태를 확인한다.

❹ 점화코일 단품의 단선 유무를 점검한다.

❺ 스파크 플러그를 탈거하여 상태를 점검한다.

❻ G11 접지 상태를 확인한다.(흡기매니폴드 뒤)

❼ 메인컨트롤 릴레이를 점검한다.

❽ 크랭크각 센서의 커넥터를 점검한다.

❾ 캠 센서의 커넥터를 점검한다.

❿ ECU의 전원, 입출력 단자를 확인한다.

✍ 답안지 작성

항목	측정(또는 점검)		판정 및 정비(또는 조치) 사항		득점
	이상 부위	내용 및 상태	판정(□에 '✔' 표)	정비 및 조치 사항	
점화 회로	메인컨트롤 릴레이	단선	□ 양 호 ☑ 불 량	메인컨트롤 릴레이 교환	

📋 답안지 작성 요령

1. 측정(또는 점검)
   ① **이상 부위** : 수검자가 점화회로를 점검하고 작동되지 않는 메인컨트롤 릴레이를 기록한다.
   ② **내용 및 상태** : 이상 부위의 상태, 단선을 기재한다.

2. 판정 및 정비(또는 조치) 사항
   ① **판정** : 메인컨트롤 릴레이가 단선되어 전원이 공급되지 않으므로 불량에 '✔' 표시한다.
   ② **정비 및 조치 사항** : 이상이 메인컨트롤 릴레이 단선이므로 메인컨트롤 릴레이 교환을 기록한다.

3-3 충전회로 점검

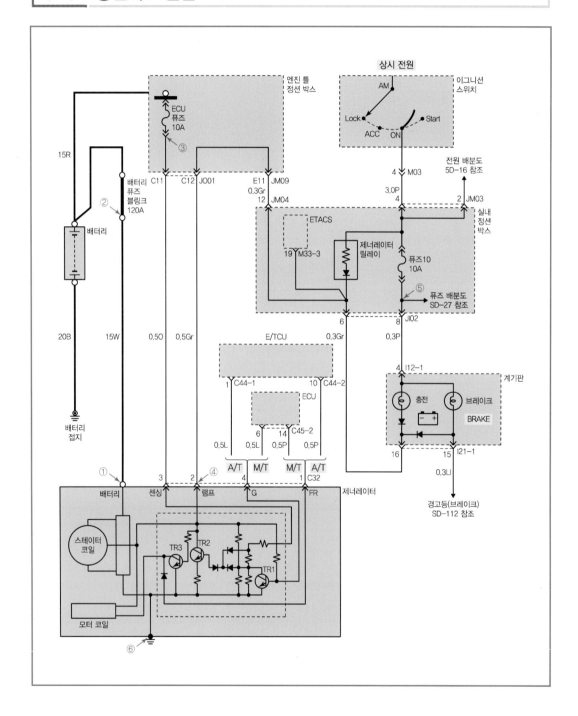

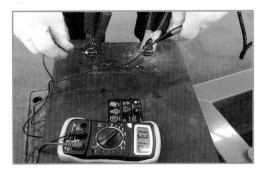
❶ 배터리 단자 연결 상태 및 전압을 확인한다.

❷ 발전기의 팬밸트 장력을 확인한다.

❸ 발전기의 B단자 체결 상태를 확인한다.

❹ 엔진 룸 정션 박스 ECU 퓨즈(10A)를 점검한다.

❺ 발전기의 B단자 출력전압을 확인한다.

❻ 발전기의 커넥터 체결 상태를 확인한다.

❼ 발전기 로터의 공급전원(R)을 확인한다.

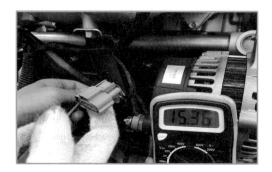

❽ 발전기의 L단자 전원을 확인한다.

✎ 답안지 작성

항목	측정(또는 점검)		판정 및 정비(또는 조치) 사항		득점
	이상 부위	내용 및 상태	판정(□에 '✔' 표)	정비 및 조치 사항	
충전회로	배터리 퓨즈블링크	단선	□ 양 호 ☑ 불 량	배터리 퓨즈블링크 교환	

🗒 답안지 작성 요령

1. **측정(또는 점검)**
   ① **이상 부위** : 충전회로를 점검하고 작동되지 않는 배터리 퓨즈블링크를 기록한다.
   ② **내용 및 상태** : 이상 부위의 상태, 단선을 기재한다.

2. **판정 및 정비(또는 조치) 사항**
① **판정** : 단선되어 작동되지 않으므로 불량에 '✔' 표시를 한다.
② **정비 및 조치 사항** : 이상 부위의 내용, 즉 배터리 퓨즈블링크 교환을 기록한다.

3-4 전조등 회로 점검

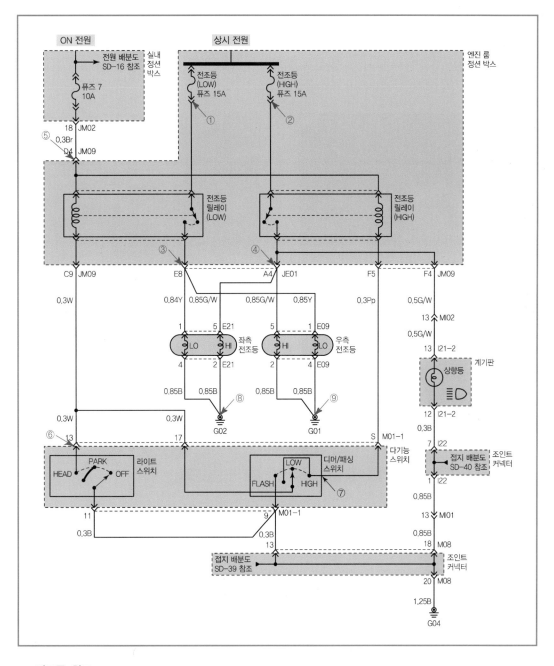

▲ 전조등 회로

❶ 엔진 룸 정션 박스에서 릴레이 및 퓨즈를 점검한다.

❷ 실내 정션 박스에서 릴레이 및 퓨즈를 점검한다.

❸ 실내 전조등의 커넥터 접촉 상태를 점검한다.

❹ 전구의 상태를 육안으로 점검한다.

❺ 전구의 필라멘트 단선을 점검한다.

❻ 전구의 커넥터에 전원 공급 상태를 확인한다.

✎ 답안지 작성

항목	측정(또는 점검)		판정 및 정비(또는 조치) 사항		득점
	이상 부위	내용 및 상태	판정(□에 '✔' 표)	정비 및 조치 사항	
전조등 회로	전구	필라멘트 단선	□ 양 호 ☑ 불 량	전구 교환	

▤ 답안지 작성 요령

1. 측정(또는 점검)
  ① **이상 부위** : 전조등 회로를 점검하고 작동되지 않는 전구를 기록한다.
  ② **내용 및 상태** : 이상 부위의 상태, 필라멘트 단선을 기재한다.

2. 판정 및 정비(또는 조치) 사항
  ① **판정** : 단선되어 작동되지 않으므로 불량에 '✔' 표시를 한다.
  ② **정비 및 조치 사항** : 이상 부위의 내용, 즉 전구 교환을 기록한다.

3-5 미등 및 번호등 회로 점검

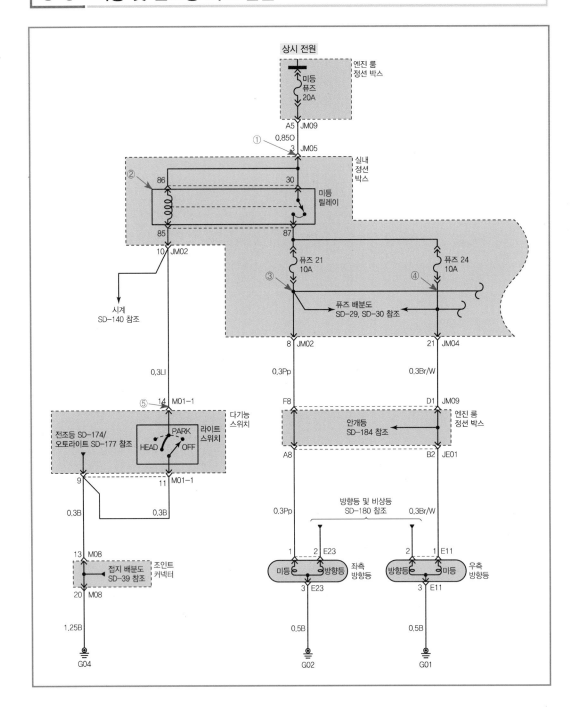

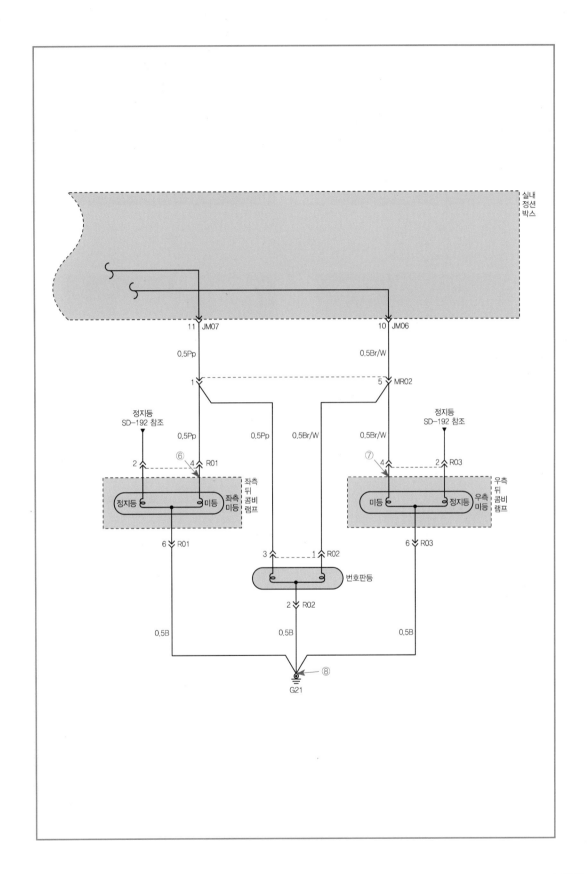

실내
정선
박스

11 JM07

10 JM06

0.5Pp

0.5Br/W

1

5 MR02

정지등
SD-192 참조

정지등
SD-192 참조

0.5Pp

0.5Pp

0.5Br/W

0.5Br/W

2

⑥ 4 R01

⑦ 4

2 R03

좌측
뒤
콤비
램프

우측
뒤
콤비
램프

정지등

미등

좌측
미등

미등

정지등

우측
미등

6 R01

3

1 R02

6 R03

번호판등

2 R02

0.5B

0.5B

0.5B

⑧

G21

❶ 미등, 번호등 스위치를 ON한다.

❷ 미등 스위치를 켜고 미등이 켜졌는지 확인한다.

❸ 번호등이 켜졌는지 확인한다.

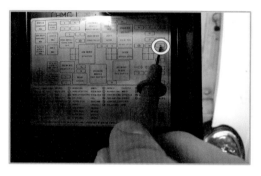

❹ 엔진 룸 정션 박스의 미등퓨즈 위치를 확인한다.

❺ 미등퓨즈의 불량 여부를 확인한다.

❻ 실내 정션 박스의 미등(좌, 우측) 퓨즈 위치를 확인한다.

❼ 미등(좌측)퓨즈의 불량 여부를 확인한다.

❽ 미등(우측)퓨즈의 불량 여부를 확인한다.

✎ 답안지 작성

항목	측정(또는 점검)		판정 및 정비(또는 조치) 사항		득점
	이상 부위	내용 및 상태	판정(□에 '✔' 표)	정비 및 조치 사항	
미등 및 번호등 회로	미등퓨즈	단선	□ 양 호 ☑ 불 량	퓨즈 교환	

🗒 답안지 작성 요령

1) 측정
   ① **이상부위** : 미등 및 번호등 회로를 점검하여 이상 부위 : 미등 퓨즈를 기록한다.
   ② **내용 및 상태** : 이상 부위의 단선을 기록한다.

2) 판정 및 정비(또는 조치) 사항
   ① **판정** : 이상 부위에 이상이 있으므로 불량에 '✔' 표시를 한다.
   ② **정비 및 조치할 사항** : 판정이 불량하므로 퓨즈 교환 후 재점검을 기록한다.

3-6 방향지시등 회로 점검

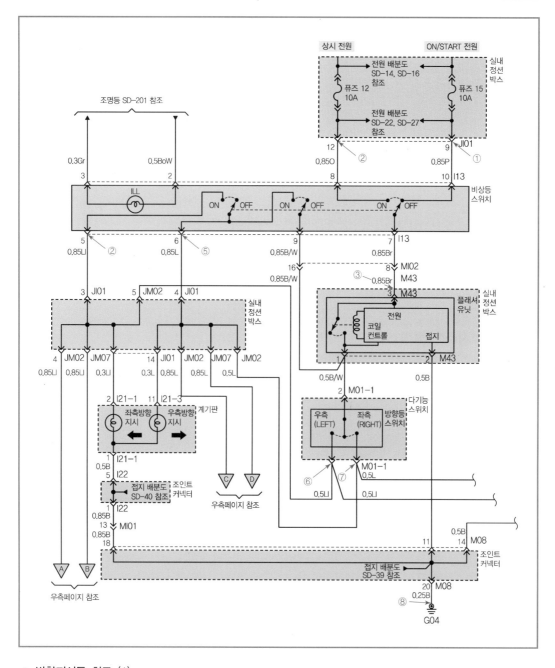

▲ 방향지시등 회로 (1)

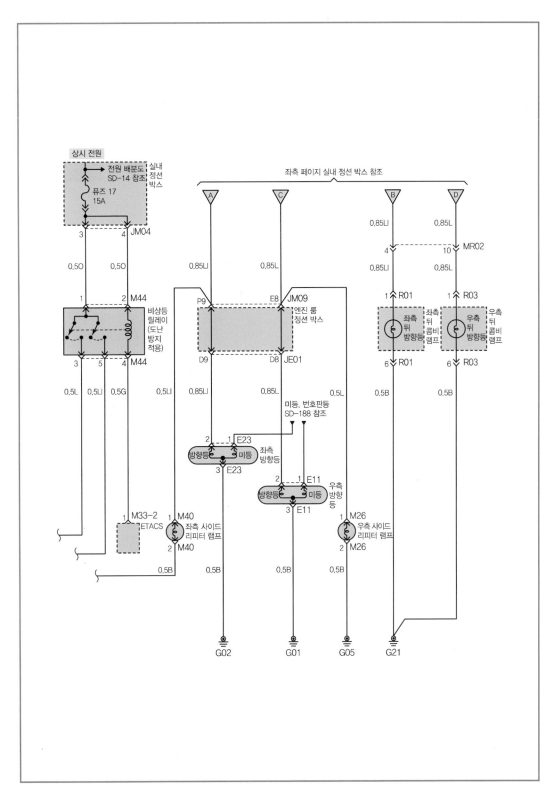

▲ 방향지시등 회로 (2)

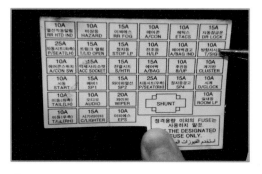

❶ 실내 퓨즈박스에서 방향지시등 퓨즈의 위치를 확인한다.

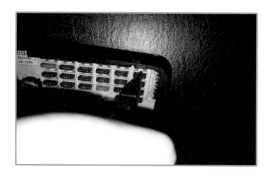

❷ 방향지시등 10A 퓨즈를 탈거한다.

❸ 10A 퓨즈를 육안으로 단선 유무를 확인한다.

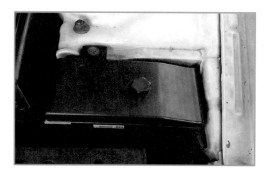

❹ 엔진 룸 정션 박스를 확인한다.

❺ 정션 박스 커버를 탈거한다.

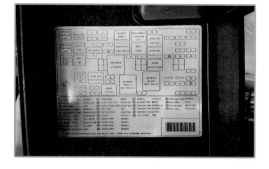

❻ 정션 박스에서 퓨즈 위치도를 확인한다.

❼ IG2(30A) 퓨즈 위치를 확인한다.

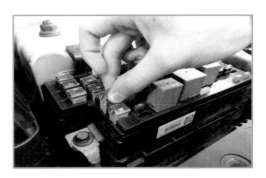

❽ IG2(30A) 퓨즈를 탈거한다.

❾ IG2(30A) 퓨즈의 단선 유무를 확인한다.

❿ 방향지시등을 작동시켜 확인한다.

✎ 답안지 작성

항목	측정(또는 점검)		판정 및 정비(또는 조치) 사항		득점
	이상 부위	내용 및 상태	판정(□에 '✔' 표)	정비 및 조치 사항	
방향지시등 회로	방향지시등 퓨즈	단선	□ 양 호 ☑ 불 량	방향지시등 퓨즈 교환 후 재점검	

▤ 답안지 작성 요령

1) 측정

① **이상부위** : 미등 및 번호등 회로를 점검하여 이상 부위 : 방향지시등 퓨즈를 기록한다.

② **내용 및 상태** : 이상 부위의 단선을 기록한다.

2) 판정 및 정비(또는 조치) 사항

① **판정** : 이상 부위에 이상이 있으므로 불량에 '✔' 표시를 한다.

② **정비 및 조치할 사항** : 판정이 불량하므로 방향지시등 퓨즈 교환 후 재점검을 기록한다.

3-7 와이퍼 회로 점검

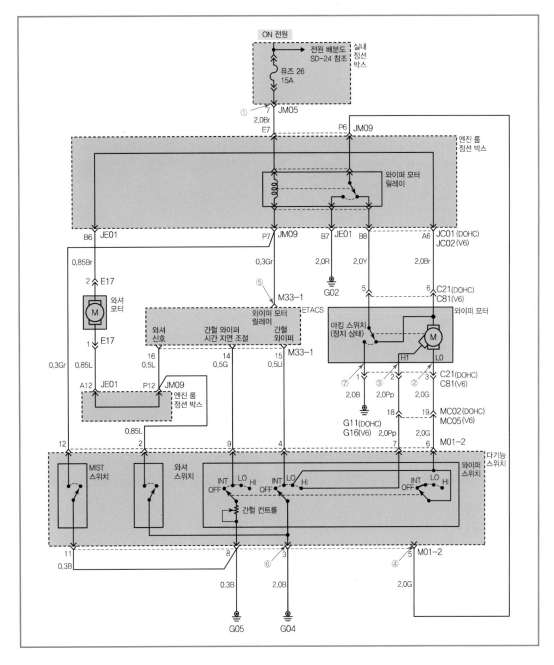

▲ 와이퍼 회로

❶ 와이퍼가 작동하는지 점검한다.

❷ 실내 퓨즈박스를 점검한다.

❸ 배터리 전압을 측정한다.

❹ 120A 퓨즈블링크를 점검한다.

❺ 와이퍼 릴레이를 점검한다.

❻ 와이퍼의 커넥터 연결 상태를 확인한다.

✎ 답안지 작성

항목	측정(또는 점검)		판정 및 정비(또는 조치) 사항		득점
	이상 부위	내용 및 상태	판정(□에 '✔' 표)	정비 및 조치 사항	
와이퍼 회로	와이퍼 커넥터	탈거	□ 양 호 ☑ 불 량	와이퍼 커넥터 연결 후 재점검	

▤ 답안지 작성 요령

1) 측정
   ① **이상부위** : 방향지시등 회로를 점검하여 이상 부위 : 와이퍼 커넥터를 기록한다.
   ② **내용 및 상태** : 이상 부위의 탈거를 기록한다.

2) 판정 및 정비(또는 조치) 사항
   ① **판정** : 이상 부위에 이상이 있으므로 불량에 '✔' 표시를 한다.
   ② **정비 및 조치할 사항** : 판정이 불량하므로 와이퍼 커넥터 연결 후 재점검을 기록한다.

3-8 경음기(horn) 회로 점검

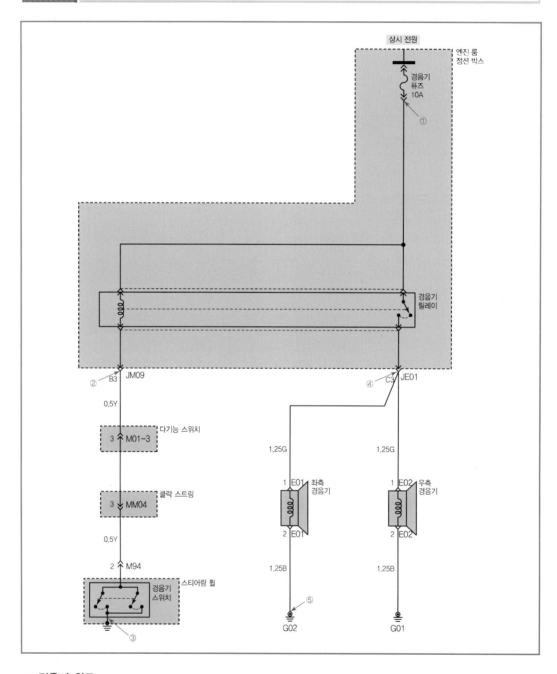

▲ 경음기 회로

❶ 엔진 룸 정션 박스에서 경음기 퓨즈 혹은 릴레이의 위치를 확인한다.

❷ 퓨즈 리무버 캡이나 롱 노즈 플라이어를 사용하여 퓨즈의 단선 여부를 확인한다.

❸ 경음기의 설치 위치를 확인한다.

❹ 커넥터의 연결 상태와 단선, 단락 여부를 확인한다.

✎ 답안지 작성

항목	측정(또는 점검)		판정 및 정비(또는 조치) 사항		득점
	이상 부위	내용 및 상태	판정(□에 '✔' 표)	정비 및 조치 사항	
경음기 (horn)회로	경음기 퓨즈	단선	□ 양 호 ☑ 불 량	경음기 퓨즈 교환 후 재점검	

☲ 답안지 작성 요령

1) 측정(또는 점검)
    ① **이상 부위** : 경음기 회로를 점검하여 이상 부위 : 경음기 퓨즈를 기록한다.
    ② **내용 및 상태** : 이상 부위의 상태, 단선을 기재한다.

2) 판정 및 정비(또는 조치) 사항
    ① **판정** : 이상 부위에 이상이 있으므로 불량에 '✔' 표시를 한다.
    ② **정비 및 조치 사항** : 판정이 불량하므로 경음기 퓨즈 교환 후 재점검을 기록한다.

3-9 전동 팬 회로 점검

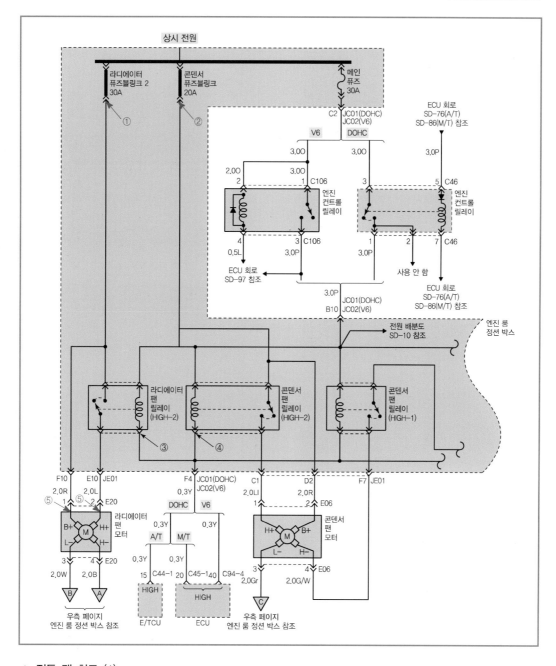

▲ 전동 팬 회로 (1)

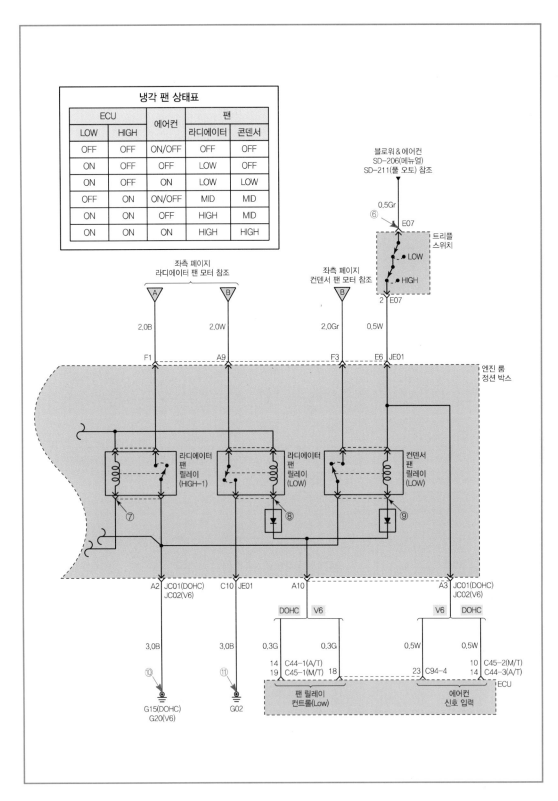

냉각 팬 상태표

ECU		에어컨	팬	
LOW	HIGH		라디에이터	콘덴서
OFF	OFF	ON/OFF	OFF	OFF
ON	OFF	OFF	LOW	OFF
ON	OFF	ON	LOW	LOW
OFF	ON	ON/OFF	MID	MID
ON	ON	OFF	HIGH	MID
ON	ON	ON	HIGH	HIGH

블로워 & 에어컨
SD-206(메뉴얼)
SD-211(풀 오토) 참조

0.5Gr

⑥ → E07

트리플
스위치

LOW

HIGH

2 E07

좌측 페이지
라디에이터 팬 모터 참조

A

B

좌측 페이지
컨덴서 팬 모터 참조

B

2.0B   2.0W   2.0Gr   0.5W

F1   A9   F3   E6 JE01

엔진 룸
정션 박스

라디에이터
팬
릴레이
(HIGH-1)

⑦

라디에이터
팬
릴레이
(LOW)

⑧

컨덴서
팬
릴레이
(LOW)

⑨

A2 JC01(DOHC)
JC02(V6)

C10 JE01

A10

A3 JC01(DOHC)
JC02(V6)

| DOHC | V6 | | V6 | DOHC |

3.0B   3.0B

⑩   ⑪

G15(DOHC)
G20(V6)

G02

0.3G   0.3G   0.5W   0.5W

14 C44-1(A/T)   23 C94-4   10 C45-2(M/T)
19 C45-1(M/T) 18   14 C44-3(A/T)

ECU

팬 릴레이
컨트롤(Low)

에어컨
신호 입력

▲ 전동 팬 회로 (2)

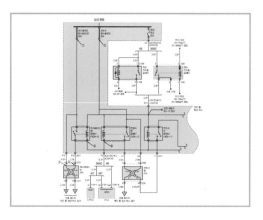

❶ 회로도를 확인한다.(라디에이터 팬 커넥터분리를 고장으로 가정한다.)

❷ 먼저 라디에이터 팬 퓨즈점검을 위해 탈거한다.

❸ 라디에이터 팬 퓨즈 단선을 점검한다.

❹ 두 번째로 라디에이터 HIGH 2 릴레이를 점검한 후 릴레이 코일저항을 측정한다.

❺ 라디에이터 팬 HIGH 2 릴레이 전원 OFF 시 스위칭 작용이 되지 않는 것을 확인한다.

❻ 라디에이터 팬 HIGH 2 릴레이 전원 ON 시 스위칭 작용을 하는지 확인한다.

❼ 세 번째로 분리되어 있던 라디에이터 팬 커넥터를
연결한다.

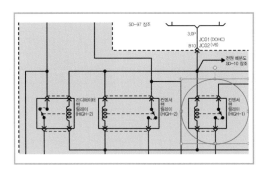

❽ 네 번째로 라디에이터 팬 HIGH 1 릴레이를 점검
한다.

❾ 라디에이터 팬 HIGH 1 릴레이 코일저항을 측정
한다.

❿ 라디에이터 팬 HIGH 2 릴레이 전원 OFF 시 스위
칭 작용을 하지 않는 것을 확인한다.

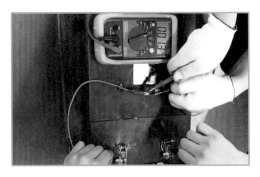

⓫ 라디에이터 팬 HIGH 1 릴레이 전원 ON 시 스위칭
작용을 하는지 확인한다.

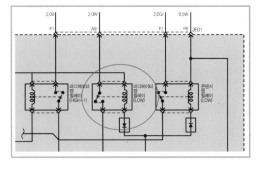

⓬ 다섯 번째로 라디에이터 팬 LOW 릴레이를 점검
한다.

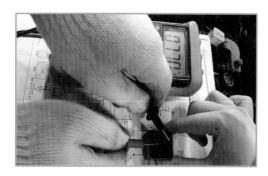

⑬ 라디에이터 팬 LOW 릴레이 코일저항을 측정한다.

⑭ 라디에이터 팬 LOW 릴레이 전원 OFF 시 스위칭 작용이 되지 않는 것을 확인한다.

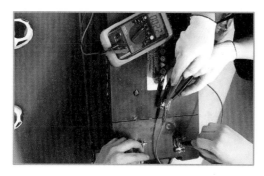

⑮ 라디에이터 팬 LOW 릴레이 전원 ON 시 스위칭 작용을 하는지 확인한다.

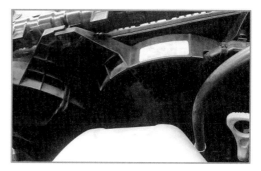

⑯ 회로점검을 마친 뒤 냉각팬 작동을 확인한다.

✏️ 답안지 작성

항목	측정(또는 점검)		판정 및 정비(또는 조치) 사항		득점
	이상 부위	내용 및 상태	판정(□에 '✔' 표)	정비 및 조치 사항	
전동 팬 회로	라디에이터 팬 커넥터	커넥터 탈거	□ 양 호 ☑ 불 량	커넥터 체결 후 재점검	

📋 답안지 작성 요령

1) **측정(또는 점검)**
   ① **이상 부위** : 수검자가 전동 팬 회로를 점검하고 작동되지 않는 라디에이터 팬 커넥터를 기록한다.
   ② **내용 및 상태** : 이상 부위의 상태, 커넥터 탈거를 기재한다.

2) **판정 및 정비(또는 조치) 사항**
   ① **판정** : 불량에 '✔' 표시를 한다.
   ② **정비 및 조치 사항** : 이상이 라디에이터 팬 커넥터 탈거이므로 커넥터 체결 후 재점검을 기입한다.

3-10 제동등 및 미등 회로 점검

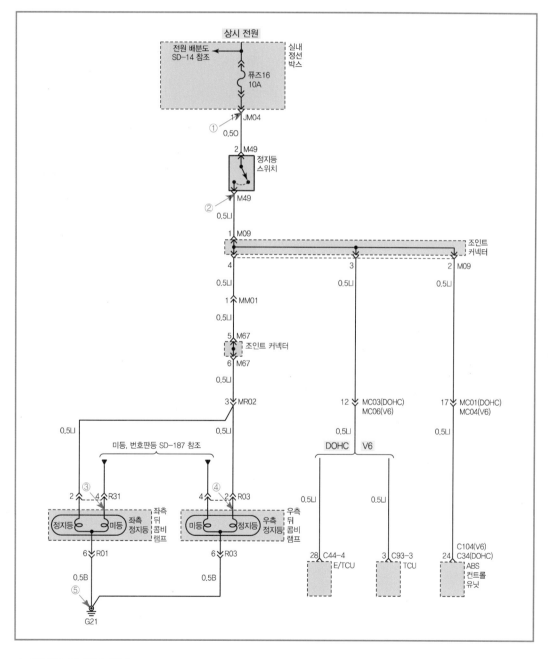

▲ 제동등 및 미등 회로

❶ 축전지 전압과 단자 체결 상태를 확인한다.

❷ 제동등 및 미등 퓨즈를 점검한다.

❸ 미등 커넥터의 연결 상태를 확인한다.

❹ 미등전구의 단선 유무를 확인한다.

❺ 제동등 커넥터의 연결 상태를 확인한다.

❻ 제동등 전구의 단선 유무를 확인한다.

 **답안지 작성**

항목	측정(또는 점검)		판정 및 정비(또는 조치) 사항		득점
	이상 부위	내용 및 상태	판정(□에 '✔' 표)	정비 및 조치 사항	
제동등 및 미등 회로	없음	없음	☑ 양 호 □ 불 량	없음	

답안지 작성 요령

1) 측정(또는 점검)
   ① **이상 부위** : 제동등 및 미등 회로를 점검하고 작동에 이상이 없으므로 없음으로 기록한다.
   ② **내용 및 상태** : 이상 부위가 없음을 기록한다.

2) 판정 및 정비(또는 조치) 사항
   ① **판정** : 양호에 '✔' 표시를 한다.
   ② **정비 및 조치 사항** : 이상 부위가 없음으로 기록한다.

3-11 실내등 및 열선회로 점검

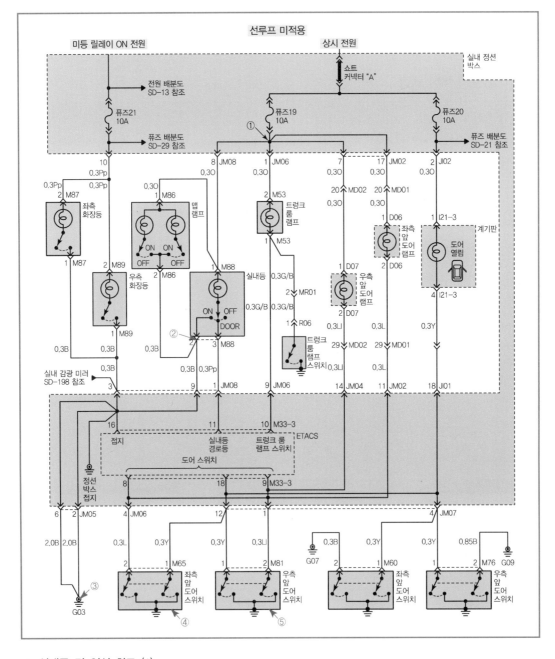

▲ 실내등 및 열선 회로 (1)

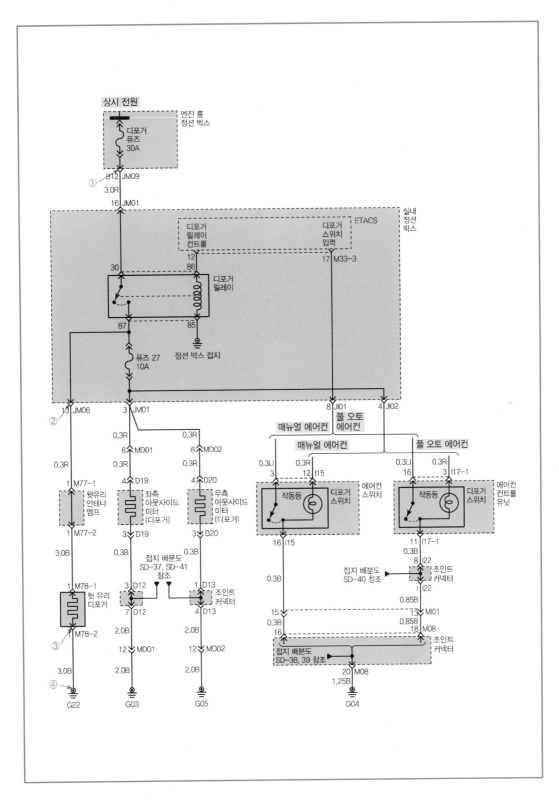

상시 전원

엔진 룸
정선 박스

디포거
퓨즈
30A

① B12 JM09
3.0R

16 JM01

실내
정선
박스

디포거
릴레이
컨트롤

디포거
스위치
입력

ETACS

17 M33-3

30

12
86

디포거
릴레이

87

85

퓨즈 27
10A

정선 박스 접지

13 JM06

3 JM01

8 JI01

4 JI02

②

매뉴얼 에어컨

풀 오토
에어컨

0.3R

0.3R

매뉴얼 에어컨

풀 오토 에어컨

0.3R

6 MD01

0.3R

6 MD02

0.3LI

3

0.3R

12 I15

0.3LI

16

0.3R

3 I17-1

0.3R

1 M77-1

4 D19

4 D20

뒷유리
안테나
엠프

좌측
아웃사이드
미터
(디포거)

우측
아웃사이드
미터
(디포거)

작동등

디포거
스위치

에어컨
스위치

작동등

디포거
스위치

에어컨
컨트롤
유닛

1 M77-2

3 D19

3 D20

16 I15

11 I17-1

3.0B

0.3B

0.3B

0.3B

0.3B

접지 배분도
SD-37, SD-41
참조

접지 배분도
SD-40 참조

8 I22

조인트
커넥터

1 M78-1

3 D12

1 D13

조인트
커넥터

0.3B

0.85B

I22

뒷 유리
디포거

7 D12

4 D13

15

13 MI01

③

2.0B

2.0B

0.3B

0.85B

1 M78-2

12 MD01

12 MD02

16

18 M08

0.85B

3.0B

2.0B

2.0B

접지 배분도
SD-38, 39 참조

조인트
커넥터

④

G22

G03

G05

20 M08

1.25B

G04

▲ 실내등 및 열선 회로 (2)

▲ 운전석 열선 작동 스위치

❶ 배터리 전압을 측정한다.

❷ 실내 정션 박스에서 실내등 퓨즈를 찾는다.

❸ 퓨즈의 단선 유무를 확인한다.

❹ 도어스위치의 작동 상태를 확인한다.(1)

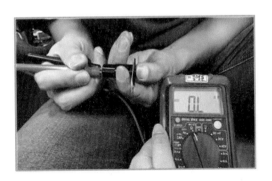

❺ 도어스위치의 작동 상태를 확인한다.(2)

❻ 실내등 커넥터 장착 상태를 확인한다.

❼ 실내등 전구의 단선 유무를 확인한다.

❽ 뒷유리 열선 퓨즈의 단선 유무를 확인한다.

❾ 뒷유리 열선 릴레이의 단선 유무를 확인한다.

❿ 뒷유리 열선스위치의 커넥터 장착 상태를 확인한다.

⓫ 뒷유리 열선라인의 커넥터 장착 상태를 확인한다.

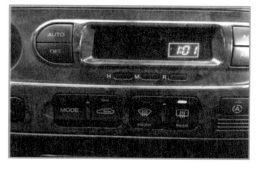

⓬ 점검 완료 후 점검차량에서 작동 상태를 확인한다.

✍ 답안지 작성

항목	측정(또는 점검)		판정 및 정비(또는 조치) 사항		득점
	이상 부위	내용 및 상태	판정(□에 '✔' 표)	정비 및 조치 사항	
실내등 및 열선회로	뒷유리 열선 퓨즈	단선	☑ 양 호 □ 불 량	퓨즈 교환 후 재점검	

▤ 답안지 작성 요령

1) 측정(또는 점검)
   ① **이상 부위** : 실내등 및 열선회로를 점검하고 작동되지 않는 뒷유리 열선 퓨즈를 기록한다.
   ② **내용 및 상태** : 이상 부위의 상태, 단선을 기재한다.

2) 판정 및 정비(또는 조치) 사항
   ① **판정** : 불량에 '✔' 표시를 한다.
   ② **정비 및 조치 사항** : 이상 부위가 뒷유리 열선 퓨즈 단선이므로 퓨즈 교환 후 재점검을 기입한다.

3-12 파워 윈도 회로 점검

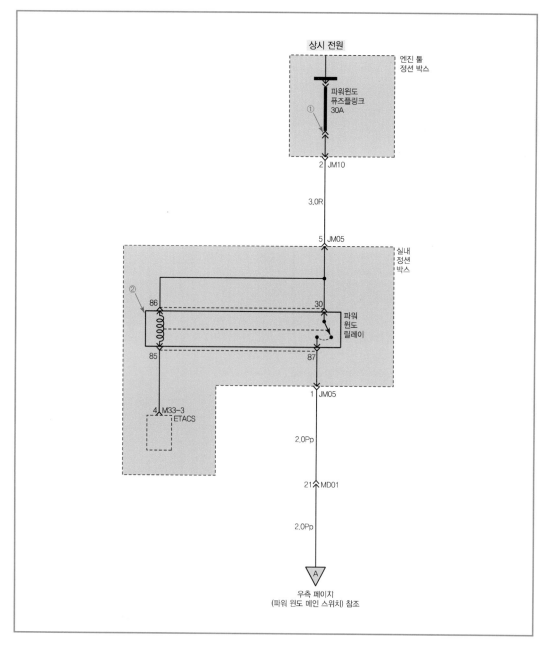

상시 전원

엔진 툴
정션 박스

파워윈도
퓨즈플링크
30A
①

2 JM10

3.0R

5 JM05

실내
정션
박스

②
86   30

파워
윈도
릴레이

85   87

4 M33-3
ETACS

1 JM05

2.0Pp

21 MD01

2.0Pp

A

우측 페이지
(파워 윈도 메인 스위치) 참조

▲ 파워 윈도 회로 (1)

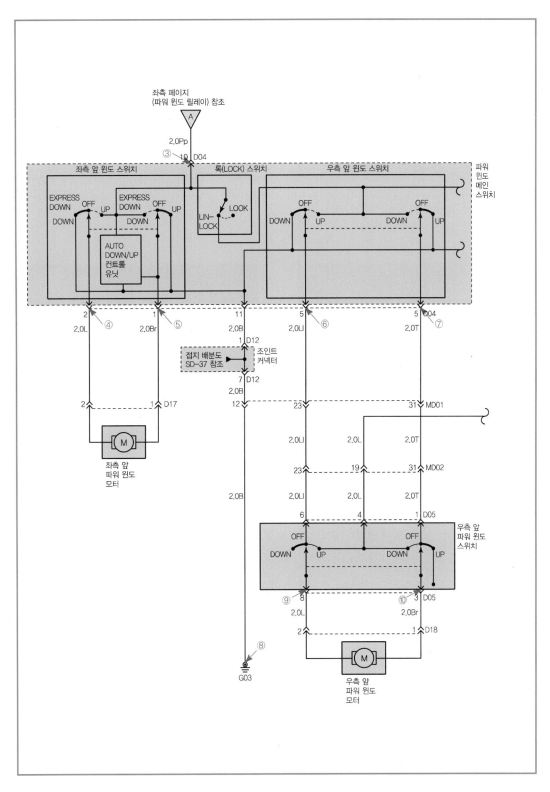

▲ 파워 윈도 회로 (2)

❶ 축전지 전압을 확인하고 단자의 체결 상태를 확인한다.

❷ 엔진 룸 정션 박스에서 공급전원 30A 퓨즈의 단선 상태를 확인한다.

❸ 파워 윈도 퓨즈(40A)를 점검한다.

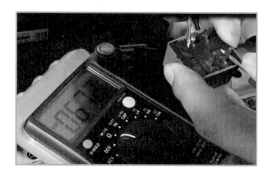

❹ 파워 윈도 릴레이를 점검한다.

❺ 파워 윈도 릴레이 단자(코일) 86, 85번 사이에 전원을 인가하였을 때 87, 30번 사이가 통전(스위치 작동)이 되는지 점검한다.

❻ 파워 윈도 운전석 스위치를 탈거한 후 스위치를 커넥터에 연결하고 작동 상태를 확인한다.

❼ 파워 윈도 메인스위치 커넥터 10번 단자의 공급
　전원(12V)을 점검한다.

❽ 파워 윈도 메인스위치 커넥터 10번 단자와
　1번 단자의 통전시험을 한다.

❾ 파워 윈도 모터의 공급전원을 확인한다.(DOWN)

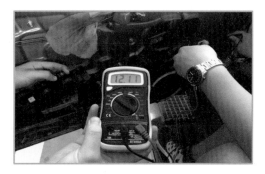

❿ 파워 윈도 모터의 공급전원을 확인한다.(UP)

⓫ 파워 윈도 모터를 분리한 후 모터 단자에 배터리
　전원을 연결하여 모터의 작동 여부를 점검한다.

⓬ 배터리 전원의 극성을 바꾸어 연결하여 반대 방향
　으로 작동되는지 점검한다.

📝 답안지 작성

항목	측정(또는 점검)		판정 및 정비(또는 조치) 사항		득점
	이상 부위	내용 및 상태	판정(□에 '✔' 표)	정비 및 조치 사항	
파워 윈도 회로	파워 윈도 릴레이	단선	□ 양 호 ☑ 불 량	파워 윈도 릴레이 교환 후 재점검	

📋 답안지 작성 요령

1) **측정(또는 점검)**
   ① **이상 부위** : 파워 윈도를 점검하고 작동되지 않는 파워 윈도 릴레이를 기록한다.
   ② **내용 및 상태** : 이상 부위의 상태, 단선을 기재한다.

2) **판정 및 정비(또는 조치) 사항**
   ① **판정** : 불량에 '✔' 표시를 한다.
   ② **정비 및 조치 사항** : 이상이 메인컨트롤 릴레이 단선이므로 파워 윈도 릴레이 교환 후 재점검을 기입한다.

3-13 에어컨 회로 점검

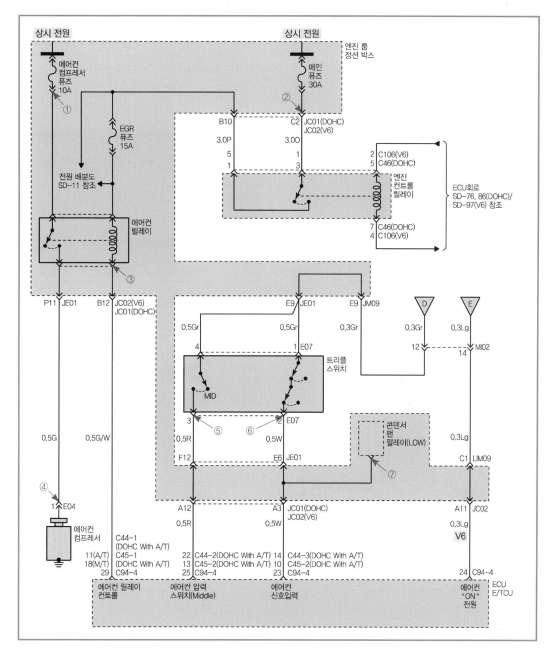

▲ 에어컨 회로

❶ 엔진 룸 정션 박스에서 에어컨 컴프레서 퓨즈(10A), 메인 퓨즈(30A)를 점검한다.

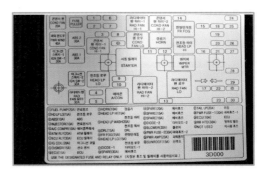

❷ 엔진 룸 정션 박스 배치도를 확인한다.

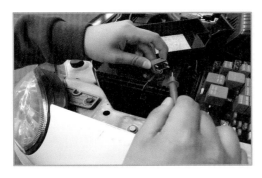

❸ 에어컨 릴레이를 점검한다.

❹ 컴프레서 커넥터의 연결 상태를 점검한다.

❺ 컴프레서 공급전원을 점검한다.

❻ 트리플 스위치를 점검한다.

❼ 콘덴서 팬 릴레이를 점검한다.

❽ 콘덴서 팬 커넥터 상태를 점검한다.

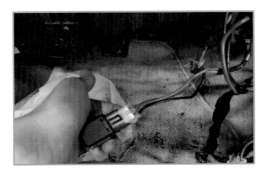

❾ 블로어 모터 커넥터 탈거 상태를 점검한다.

❿ 에어컨 스위치를 점검하고 확인받는다.

✎ 답안지 작성

항목	측정(또는 점검)		판정 및 정비(또는 조치) 사항		득점
	이상 부위	내용 및 상태	판정(□에 '✔' 표)	정비 및 조치 사항	
에어컨 회로	에어컨 컴프레서 퓨즈	단선	□ 양 호 ☑ 불 량	에어컨 컴프레서 퓨즈 교환 후 재점검	

🗒 답안지 작성 요령

1) 측정(또는 점검)
   ① **이상 부위** : 에어컨 회로를 점검하고 작동되지 않는 에어컨 컴프레서 퓨즈를 기록한다.
   ② **내용 및 상태** : 이상 부위의 상태, 단선을 기록한다.

2) 판정 및 정비(또는 조치) 사항
   ① **판정** : 불량에 '✔' 표시를 한다.
   ② **정비 및 조치 사항** : 이상 부위가 에어컨 컴프레서 퓨즈 단선이므로 에어컨 컴프레서 퓨즈 교환 후 재점검을 기입한다.

📓 NOTE

1) 에어컨 작동시험

① 에어컨 스위치를 작동시켰을 때 에어컨 컴프레서가 작동되는지 확인한다.

② 에어컨을 작동시킬 때 찬 바람이 나오는지 확인한다.

③ 에어컨 가스가 누출되는지 비눗물이나 가스 탐지기로 검사한다.

2) 에어컨 컴프레서 고장진단

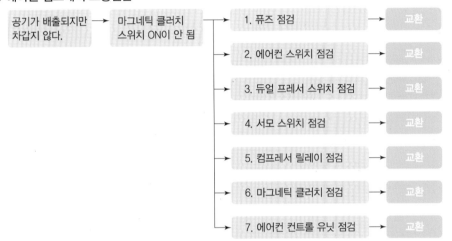

에어컨 시스템 내에 냉매가스가 없으면 트리플 스위치가 OFF되어 전원공급이 차단된다. 따라서 컴프레서가 작동되지 않는다.

■ 에어컨 컴프레서가 작동되지 않은 원인

① 컴프레서 커넥터 체결 상태 확인(탈거, 분리 단선)

② 에어컨 릴레이 점검(엔진 룸 정션 박스) : 공급 전원 확인, 엔진 ECU 커넥터 체결 확인
메인 퓨즈 30A 단선 확인, 에어컨 컴프레서 퓨즈(10A) 단선 확인 점검

③ 트리플 스위치 점검(공급 전압 점검, 냉방 시스템 냉매압력 확인)

④ 에어컨 스위치 점검(스위치 전압 확인, ECU 접지)

⑤ 블로어 모터 작동 상태(블로어 퓨즈(엔진 룸 정션 박스 30A) 단선 점검, 블로어 모터 릴레이 점검, 블로어 스위치 점검)

04 전기 검사

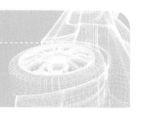

전기	**1**	주어진 자동차에서 좌 또는 우측의 전조등을 측정하고 기록 · 판정하시오

4-1 전조등 광도 측정

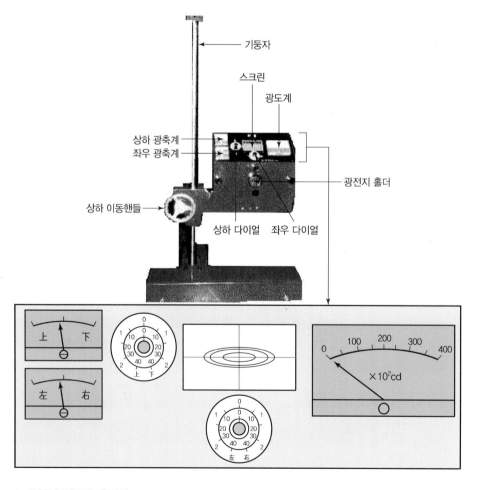

▲ 투영식 전조등 측정기

❶ 전조등 시험기를 검사 차량과 3m 간격으로 정렬한다.

❷ 측정 전 배터리, 타이어, 측정기, 전조등이 정상 상태인지 확인한다.

❸ 차량의 전조등이 2등식인지 4등식인지 확인하고 운전석 기준으로 좌, 우측을 구별한다.

❹ 전조등을 상향으로 점등한다. 이때 측정하지 않는 전조등은 덮개로 덮는다.

❺ 측정기 몸체를 움직여 좌우, 상하 광축계의 지침이 0에 오도록 한다.

❻ 광도계의 지침이 움직인 값(13,000cd)을 읽는다.

✎ 답안지 작성

항목	측정(또는 점검)			판정 (□에 '✔' 표)	득점
	항목	측정값	기준값		
(□에 '✔' 표) 위치 : ☑ 좌 　　　□ 우 등식 : □ 2등식 　　　☑ 4등식	광도	13,000cd	12,000cd 이상	☑ 양 호 □ 불 량	

※ 측정 위치는 감독위원이 지정하는 위치의 □에 '✔' 표시한다.

※ 자동차 검사기준 및 방법에 의하여 기록·판정한다.

目 답안지 작성 요령

1) 측정
　① **위치 및 등식**
　　• **위치** : 측정 전조등을 운전석에 앉았을 때의 기준으로 좌에 '✔'한다.
　　• **등식** : 점검차량의 전조등 수량을 확인하여 4등식에 '✔'한다.
　② **측정값** : 광도를 측정한 값 13,000cd을 기록한다.
　③ **기준값** : 검사 기준값을 숙지하여 기록한다.
　　• 하한기준 : 12,000cd 이상

2) 판정
　판정 : 측정한 광도가 기준값 이내이므로 양호에 '✔' 표시를 한다.

■ **전조등 광도 측정 준비작업**

　① 타이어 공기압을 정상으로 유지한다.
　② 배터리 충전 상태를 정상으로 유지한다.
　③ 전조등 시험기가 수평으로 설치되었는지 확인한다.
　④ 전조등의 이상 유무를 확인한다.
　⑤ 공차 상태에서 1인 승차 후 2,000rpm 상태에서 측정한다.
　⑥ 수평 조절 나사로 조정 한다.(전조등 윗면 또는 뒷면에 있다.)
　⑦ 상하, 좌우 다이얼을 이용하여 영점으로 조정한다.

4-2 경음기 음 측정

▲ 음량계를 자동차 전방 2m에 높이를 1.2±0.05m 되도록 설치한다.

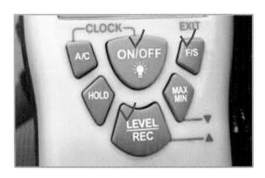

❶ 음량계 전원을 ON, F/S 버튼으로 F(동특성)위치, LEVEL 버튼으로 03(80~130dB)에 세팅한다.

❷ 모니터에 Mx, F, 03으로 세팅된 모습이다.

❸ Max 버튼을 눌러 최댓값에서 측정이 되도록 설정한 후 경음기를 5초간 누른다.

❹ 측정기의 모니터에 최댓값이 나오면 HOLD 버튼을 눌러 판독한다.

✍️ 답안지 작성

항목	측정(또는 점검)		판정 및 정비(또는 조치) 사항		득점
	측정값	기준값	판정(□에 '✔' 표)	정비 및 조치 사항	
경음기 음량	105.8dB	90~110dB	☑ 양 호 □ 불 량	정비 및 조치 사항 없음	

📑 답안지 작성 요령

1) 측정(또는 점검)
① **측정값** : 측정값 105.8dB을 기록한다.
② **기준값** : 검사 기준값을 숙지하여 90~110dB을 기록한다.

2) 판정 및 정비(또는 조치) 사항
① **판정** : 측정한 음량이 기준값 이내 이므로 양호에 '✔' 표시를 한다.
② **정비 및 조치 사항** : 측정한 음량이 기준값 이내이므로 정비 및 조치사항 없음을 기록한다.

■ **경음기 측정방법**

① 자동차 소음과 암소음의 측정값 차이가 3dB 이상 10dB 미만인 경우에는 자동차로 인한 소음의 측정값으로부터 보정치를 뺀 값을 최종 측정치로 하고, 차이가 3dB 미만일 때에는 측정값을 무효로 한다.
※ 자동차 소음과 암소음의 측정값 차 : 3(보정값 3), 4~5(보정값 2), 6~9(보정값 1)

② 2개 이상의 경음기가 장치된 자동차에 대하여는 경음기를 동시에 작동시킨 상태에서 측정한다.
③ 자동차의 원동기를 가동시키지 아니한 정차 상태에서 자동차의 경음기를 5초 동안 작동시켜 최대 소음도를 측정한다.

Craftsman Motor
Vehicles Maintenance

자동차정비기능사 실기

04

과년도 기출문제

자동차 정비기능사 실기시험 기출문제
1 ~ 15안

☑ 기관

1. 주어진 디젤 기관에서 실린더 헤드와 분사노즐(1개)을 탈거한 후(시험위원에게 확인하고) 시험위원의 지시에 따라 기록표의 내용대로 기록 · 판정한 후 다시 조립하시오.

항목	1. 측정(또는 점검)		2. 판정 및 정비(또는 조치) 사항		득점
	측정값	규정(정비한계)값	판정(□에 '✔' 표)	정비 및 조치 사항	
분사개시 압력			□ 양 호 □ 불 량		

2. 주어진 전자제어 가솔린 기관에서 시험위원의 지시에 따라 시동에 필요한 점화회로의 고장부분 1개소를 점검 및 수리하여 시동하시오.

3. 지시에 따라 진단기(스캐너)를 사용하여 기관의 각종 센서(액추에이터)를 점검한 후 고장부분을 기록하시오.

항목	1. 측정(또는 점검)			2. 고장 및 정비(또는 조치) 사항		득점
	고장 부위	측정값	규정값	고장 내용	정비 및 조치 사항	
센서(액추에이터) 점검						

4. 주어진 디젤자동차에서 시험위원의 지시에 따라 매연을 측정하고 기록 · 판정하시오.

1. 측정(또는 점검)					2. 판정		득점
차종	연식	기준값	측정값	측정	산출근거(계산)기록	판정(□에 '✔' 표)	
				1회 : 2회 : 3회 :		□ 양 호 □ 불 량	

✓ 새시

1. 주어진 자동차에서 시험위원의 지시에 따라 앞 쇼크업소버(shock absorber)의 스프링을 탈거(시험위원에게 확인)한 후 다시 조립하시오.

2. 주어진 자동차에서 시험위원의 지시에 따라 휠 얼라이먼트 시험기를 사용하여 캐스터 각과 캠버 각을 점검한 후 기록 · 판정하시오.

항목	1. 측정(또는 점검)		2. 판정 및 정비(또는 조치) 사항		득점
	측정값	규정(정비한계)값	판정(□에 '✔' 표)	정비 및 조치 사항	
캐스터 각			□ 양 호 □ 불 량		
캠버 각					

3. 주어진 자동차(ABS 장착 차량)에서 시험위원의 지시에 따라 브레이크 패드(좌 또는 우측)를 탈거(시험위원에게 확인)하고, 다시 조립하여 브레이크의 작동 상태를 확인하시오.

4. 주어진 자동차에서 시험위원의 지시에 따라 인히비터 스위치와 변속 선택 레버 위치를 점검하고 기록 · 판정하시오.

항목	1. 측정(또는 점검)		2. 판정 및 정비(또는 조치) 사항		득점
	점검 위치	내용 및 상태	판정(□에 '✔' 표)	정비 및 조치 사항	
변속 선택 레버			□ 양 호 □ 불 량		
인히비터 스위치					

5. 주어진 자동차에서 시험위원의 지시에 따라 (앞 또는 뒤) 제동력을 측정하여 기록 · 판정하시오.

항목	1. 측정(또는 점검)					2. 판정			득점
	구분	측정값	기준값(%)		산출근거 및 제동력		판정(□에 '✔' 표)		
			편차	합	편차(%)	합(%)			
제동력 위치 (□에 '✔' 표) □ 앞 □ 뒤	좌						□ 양 호 □ 불 량		
	우								

1. 주어진 자동차에서 윈드 실드 와이퍼 모터를 탈거(시험위원에게 확인)한 후, 다시 부착하여 와이퍼 브러시가 작동되는지 확인하시오.

2. 주어진 자동차에서 시동 모터의 크랭킹 부하시험을 하여 고장부분을 점검한 후 기록 · 판정하시오.

항목	1. 측정(또는 점검)		2. 판정 및 정비(또는 조치) 사항		득점
	측정값	규정(정비한계)값	판정(□에 '✔' 표)	정비 및 조치 사항	
전류 소모			□ 양 호 □ 불 량		

3. 주어진 자동차에서 미등 및 번호등 회로의 고장부분을 점검한 후 기록 · 판정하시오.

항목	1. 측정(또는 점검)		2. 판정 및 정비(또는 조치) 사항		득점
	이상 부위	내용 및 상태	판정(□에 '✔' 표)	정비 및 조치 사항	
미등 및 번호등 회로			□ 양 호 □ 불 량		

4. 주어진 자동차에서 좌 또는 우측의 전조등을 측정하고 기록 · 판정하시오.

구분	측정(또는 점검)			판정(□에 '✔' 표)	득점
	항목	측정값	기준값		
(□에 '✔' 표) 위치 : □ 좌 　　　 □ 우 등식 : □ 2등식 　　　 □ 4등식	광도			□ 양 호 □ 불 량	

☑ 기관

1. 주어진 가솔린 기관에서 실린더 헤드와 밸브 스프링(1개)을 탈거(시험위원에게 확인)하고, 시험위원의 지시에 따라 기록표의 내용대로 기록·판정한 후 다시 조립하시오.

항목	1. 측정(또는 점검)		2. 판정 및 정비(또는 조치) 사항		득점
	측정값	규정(정비한계)값	판정(□에 '✔' 표)	정비 및 조치 사항	
밸브 스프링 장력			□ 양 호 □ 불 량		

2. 주어진 전자제어 가솔린 기관에서 시험위원의 지시에 따라 시동에 필요한 연료장치 회로의 고장부분 1개소를 점검 및 수리하여 시동하시오.

3. 주어진 자동차에서 기관의 인젝터 1개를 탈거(시험위원에게 확인)한 후 다시 조립하고 시험위원의 지시에 따라 진단기(스캐너)를 사용하여 기관의 각종 센서(액추에이터)를 점검한 후 고장부분을 기록하시오.

항목	1. 측정(또는 점검)			2. 고장 및 정비(또는 조치) 사항		득점
	고장 부위	측정값	규정값	고장 내용	정비 및 조치 사항	
센서(액추에이터) 점검						

4. 주어진 가솔린 자동차에서 시험위원의 지시에 따라 배기가스를 측정하여 기록·판정하시오.

항목	1. 측정(또는 점검)		2. 판정 (□에 '✔' 표)	득점
	측정값	기준값		
CO			□ 양 호 □ 불 량	
HC				

☑ 새시

1. 주어진 자동차에서 시험위원의 지시에 따라 (좌 또는 우측) 앞 허브 및 너클을 탈거(시험위원에게 확인)한 후 다시 조립하시오.

2. 주어진 자동차에서 시험위원의 지시에 따라 휠 얼라이먼트 시험기를 사용하여 캐스터 각과 캠버 각을 점검하여 기록 · 판정하시오.

항목	1. 측정(또는 점검)		2. 판정 및 정비(또는 조치) 사항		득점
	측정값	규정(정비한계)값	판정(□에 '✔' 표)	정비 및 조치 사항	
캐스터 각			□ 양 호 □ 불 량		
캠버 각					

3. 주어진 자동차에서 시험위원의 지시에 따라 (좌 또는 우측) 브레이크 라이닝(슈)을 탈거(시험위원에게 확인)하고, 다시 조립하여 브레이크의 작동 상태를 확인하시오.

4. 주어진 자동차에서 시험위원의 지시에 따라 진단기(스캐너)로 자동변속기를 점검하고 기록 · 판정하시오.

항목	1. 측정(또는 점검)		2. 판정 및 정비(또는 조치) 사항		득점
	이상 부위	내용 및 상태	판정(□에 '✔' 표)	정비 및 조치 사항	
자동변속기 자기진단			□ 양 호 □ 불 량		

5. 주어진 자동차에서 시험위원의 지시에 따라 좌 또는 우회전 시 최소회전반경을 측정하여 기록 · 판정하시오.

항목	1. 측정(또는 점검)			2. 판정 및 정비(또는 조치) 사항		득점
	최대조향각 (□에 '✔' 표)	기준값 (최소회전반경)	측정값 (최소회전반경)	판정 (□에 '✔' 표)	정비 및 조치 사항	
회전방향 (□에 '✔' 표) □ 좌 □ 우	□ 좌측 바퀴 □ 우측 바퀴 조향각 :			□ 양 호 □ 불 량		

※ 회전 방향은 시험위원이 지정하는 위치에 '✔' 표시함
※ 축거 및 바퀴의 접지면 중심과 킹핀의 거리(r)는 시험위원이 제시함

☑ 전기

1. 주어진 자동차에서 발전기를 탈거(시험위원에게 확인)한 후 다시 부착하여 벨트 장력이 규정값에 맞는지 확인하시오.

2. 자동차에서 점화코일 1, 2차 저항을 측정하고 코일의 고장 유무를 확인하여 기록 · 판정하시오.

항목	1. 측정(또는 점검)		2. 판정 및 정비(또는 조치) 사항		득점
	측정값	규정(정비한계)값	판정(□에 '✔' 표)	정비 및 조치 사항	
1차 저항			□ 양 호 □ 불 량		
2차 저항			□ 양 호 □ 불 량		

3. 주어진 자동차에서 전조등 회로에 고장부분을 점검한 후 기록 · 판정하시오.

항목	1. 측정(또는 점검)		2. 판정 및 정비(또는 조치) 사항		득점
	이상 부위	내용 및 상태	판정(□에 '✔' 표)	정비 및 조치 사항	
전조등 회로			□ 양 호 □ 불 량		

4. 주어진 자동차에서 경음기 음을 측정하여 기록 · 판정하시오.

항목	1. 측정(또는 점검)		2. 판정 및 정비(또는 조치) 사항		득점
	측정값	기준값	판정(□에 '✔' 표)	정비 및 조치 사항	
경음기 음량			□ 양 호 □ 불 량		

※ 암소음은 무시한다.

☑ 기관

1. 주어진 디젤 기관에서 워터펌프와 라디에이터 압력식 캡을 탈거(시험위원에게 확인)하고 시험위원의 지시에 따라 기록표의 내용대로 기록 · 판정한 후 다시 조립하시오.

항목	1. 측정(또는 점검)		2. 판정 및 정비(또는 조치) 사항		득점
	측정값	규정(정비한계)값	판정(□에 '✔' 표)	정비 및 조치 사항	
압력식 캡			□ 양 호 □ 불 량		

2. 주어진 전자제어 가솔린 기관에서 시험위원의 지시에 따라 시동에 필요한 크랭킹 회로의 고장부분 1개소를 점검 및 수리하여 시동하시오.

3. 주어진 자동차에서 흡입공기 유량센서를 탈거(시험위원에게 확인)한 후 다시 조립하고 시험위원의 지시에 따라 진단기(스캐너)를 사용하여 기관의 각종 센서(액추에이터)를 점검한 후 고장부분을 기록하시오.

항목	1. 측정(또는 점검)			2. 고장 및 정비(또는 조치) 사항		득점
	고장 부위	측정값	규정값	고장 내용	정비 및 조치 사항	
센서(액추에이터) 점검						

4. 주어진 디젤 자동차에서 시험위원의 지시에 따라 매연을 측정하고 기록 · 판정하시오.

1. 측정(또는 점검)					2. 판정		득점
차종	연식	기준값	측정값	측정	산출근거(계산) 기록	판정(□에 '✔' 표)	
				1회 : 2회 : 3회 :		□ 양 호 □ 불 량	

1. 주어진 자동차에서 시험위원의 지시에 따라 림(휠)에서 타이어 1개를 탈거(시험위원에게 확인)한 후 다시 조립하시오.

2. 주어진 수동변속기에서 시험위원의 지시에 따라 입력축 엔드 플레이를 점검하여 기록 · 판정하시오.

항목	1. 측정(또는 점검)		2. 판정 및 정비(또는 조치) 사항		득점
	측정값	규정(정비한계)값	판정(□에 '✔' 표)	정비 및 조치 사항	
엔드 플레이			□ 양 호 □ 불 량		

3. 주어진 자동차에서 시험위원의 지시에 따라 클러치 릴리스 실린더를 탈거(시험위원에게 확인)하고 다시 조립하여 공기빼기 작업 후 클러치의 작동 상태를 확인하시오.

4. 주어진 자동차에서 시험위원의 지시에 따라 진단기(스캐너)로 전자제어 현가장치(ECS)를 점검하고 기록 · 판정하시오.

항목	1. 측정(또는 점검)		2. 판정 및 정비(또는 조치) 사항		득점
	이상 부위	내용 및 상태	판정(□에 '✔' 표)	정비 및 조치 사항	
전자제어 현가장치 자기진단			□ 양 호 □ 불 량		

5. 주어진 자동차에서 시험위원의 지시에 따라 제동력을 측정하여 기록 · 판정하시오.

항목	1. 측정(또는 점검)		기준값(%)		산출근거 및 제동력		2. 판정	득점
	구분	측정값	편차	합	편차(%)	합(%)	판정(□에 '✔' 표)	
제동력 위치 (□에 '✔' 표) □ 앞 □ 뒤	좌						□ 양 호 □ 불 량	
	우							

※ 측정 위치는 시험위원이 지정하는 곳에 '✔' 표시함

☑ 전기

1. DOHC 기관의 자동차에서 점화플러그 및 고압 케이블을 탈거(시험위원에게 확인)한 후 다시 부착하여 시동이 되는지 확인하시오.

2. 주어진 자동차의 발전기에서 시험위원의 지시에 따라 충전되는 전류와 전압을 점검하여 확인사항을 기록·판정하시오.

항목	1. 측정(또는 점검)		2. 판정 및 정비(또는 조치) 사항		득점
	측정값	규정(정비한계)값	판정(□에 '✔' 표)	정비 및 조치 사항	
충전전류			□ 양 호 □ 불 량		
충전전압					

3. 주어진 자동차에서 와이퍼 회로의 고장부분을 점검한 후 기록·판정하시오.

항목	1. 측정(또는 점검)		2. 판정 및 정비(또는 조치) 사항		득점
	이상 부위	내용 및 상태	판정(□에 '✔' 표)	정비 및 조치 사항	
와이퍼 회로			□ 양 호 □ 불 량		

4. 주어진 자동차에서 좌 또는 우측의 전조등을 측정하고 기록·판정하시오.

구분	측정(또는 점검)			판정(□에 '✔' 표)	득점
	항목	측정값	기준값		
(□에 '✔' 표) 위치 : □ 좌 □ 우 등식 : □ 2등식 □ 4등식	광도			□ 양 호 □ 불 량	

☑ 기관

1. 주어진 DOHC 가솔린 기관에서 캠축과 타이밍 벨트를 탈거(시험위원에게 확인)하고 시험위원의 지시에 따라 기록표의 내용대로 기록 · 판정한 후 다시 조립하시오.

항목	1. 측정(또는 점검)		2. 판정 및 정비(또는 조치) 사항		득점
	측정값	규정(정비한계)값	판정(□에 '✔' 표)	정비 및 조치 사항	
캠 높이			□ 양 호 □ 불 량		

2. 주어진 전자제어 가솔린 기관에서 시험위원의 지시에 따라 시동에 필요한 점화회로의 이상 개소를 점검 및 수리하여 시동하시오.

3. 주어진 자동차에서 CRDI 기관의 연료 압력 조절 밸브를 탈거(시험위원에게 확인)한 후 다시 조립하고, 시험위원의 지시에 따라 진단기(스캐너)를 사용하여 기관의 각종 센서(액추에이터)를 점검한 후 고장부분을 기록하시오.

항목	1. 측정(또는 점검)			2. 고장 및 정비(또는 조치) 사항		득점
	고장 부위	측정값	규정값	고장 내용	정비 및 조치 사항	
센서(액추에이터) 점검						

4. 주어진 가솔린 자동차에서 시험위원의 지시에 따라 배기가스를 측정하여 기록 · 판정하시오.

항목	1. 측정(또는 점검)		2. 판정 (□에 '✔' 표)	득점
	측정값	기준값		
CO			□ 양 호 □ 불 량	
HC				

1. 주어진 자동차에서 시험위원의 지시에 따라 (좌 또는 우측) 로어 암(lower control arm)을 탈거(시험위원에게 확인)한 후 다시 조립하시오.

2. 주어진 자동차에서 시험위원의 지시에 따라 조향 휠 유격을 점검하여 기록 · 판정하시오.

항목	1. 측정(또는 점검)		2. 판정		득점
	측정값	기준값	산출근거(계산) 기록	판정(□에 '✔' 표)	
조향 휠 유격				□ 양 호 □ 불 량	

3. 주어진 자동차에서 시험위원의 지시에 따라 제동장치의 (좌 또는 우측) 브레이크 캘리퍼를 탈거(시험위원에게 확인)하고 다시 조립하여 공기빼기 작업 후 브레이크의 작동 상태를 확인하시오.

4. 주어진 자동차에서 시험위원의 지시에 따라 진단기(스캐너)로 전자제어 제동장치(ABS)를 점검하고 기록 · 판정하시오.

항목	1. 측정(또는 점검)		2. 판정 및 정비(또는 조치) 사항		득점
	이상 부위	내용 및 상태	판정(□에 '✔' 표)	정비 및 조치 사항	
ABS 자기진단			□ 양 호 □ 불 량		

5. 주어진 자동차에서 시험위원의 지시에 따라 좌 또는 우회전 시 최소회전반경을 측정하여 기록 · 판정하시오.

항목	1. 측정(또는 점검)			2. 판정 및 정비(또는 조치) 사항		득점
	최대조향각 (□에 '✔' 표)	기준값 (최소회전반경)	측정값 (최소회전반경)	판정 (□에 '✔' 표)	정비 및 조치 사항	
회전방향 (□에 '✔' 표) □ 좌 □ 우	□ 좌측 바퀴 □ 우측 바퀴 조향각 :			□ 양 호 □ 불 량		

✅ 전기

1. 주어진 자동차에서 기동모터를 탈거(시험위원에게 확인)한 후 다시 부착하고 크랭킹하여 기동모터가 작동되는지 확인하시오.

2. 주어진 자동차에서 시험위원의 지시에 따라 메인 컨트롤 릴레이의 고장부분을 점검한 후 기록표에 기록·판정하시오.

항목	1. 측정(또는 점검)	2. 판정 및 정비(또는 조치) 사항		득점
		판정(□에 '✔' 표)	정비 및 조치 사항	
코일이 여자되었을 때	□ 양 호 □ 불 량	□ 양 호 □ 불 량		
코일이 여자되지 않았을 때	□ 양 호 □ 불 량			

3. 주어진 자동차에서 방향지시등 회로의 고장부분을 점검한 후 기록표에 기록·판정하시오.

항목	1. 측정(또는 점검)		2. 판정 및 정비(또는 조치) 사항		득점
	이상 부위	내용 및 상태	판정(□에 '✔' 표)	정비 및 조치 사항	
방향지시등 회로			□ 양 호 □ 불 량		

4. 주어진 자동차에서 경음기 음을 측정하여 기록표에 기록·판정하시오.

항목	1. 측정(또는 점검)		2. 판정 및 정비(또는 조치) 사항		득점
	측정값	기준값	판정(□에 '✔' 표)	정비 및 조치 사항	
경음기 음량			□ 양 호 □ 불 량		

☑ 기관

1. 주어진 디젤 기관에서 크랭크축을 탈거(시험위원에게 확인)하고 시험위원의 지시에 따라 기록표의 내용대로 기록 · 판정한 후 다시 조립하시오.

항목	1. 측정(또는 점검)		2. 판정 및 정비(또는 조치) 사항		득점
	측정값	규정(정비한계)값	판정(□에 '✔' 표)	정비 및 조치 사항	
크랭크축 휨			□ 양 호 □ 불 량		

2. 주어진 전자제어 가솔린 기관에서 시험위원의 지시에 따라 시동에 필요한 연료장치 회로의 고장부분 1개소를 점검 및 수리하여 시동하시오.

3. 주어진 자동차에서 전자제어 디젤(CRDI)기관의 예열 플러그(예열장치) 1개를 탈거(시험위원에게 확인)한 후 다시 조립하고 시험위원의 지시에 따라 진단기(스캐너)를 사용하여 기관의 각종 센서(액추에이터)를 점검한 후 고장부분을 기록하시오.

항목	1. 측정(또는 점검)			2. 고장 및 정비(또는 조치) 사항		득점
	고장 부위	측정값	규정값	고장 내용	정비 및 조치 사항	
센서(액추에이터) 점검						

4. 주어진 디젤 자동차에서 시험위원의 지시에 따라 매연을 측정하고 기록 · 판정하시오.

1. 측정(또는 점검)					2. 판정		득점
차종	연식	기준값	측정값	측정	산출근거(계산) 기록	판정(□에 '✔' 표)	
				1회 : 2회 : 3회 :		□ 양 호 □ 불 량	

1. 주어진 자동차에서 시험위원의 지시에 따라 (좌 또는 우측) 앞 등속축(drive shaft)을 탈거(시험위원에게 확인)한 후 다시 조립하시오.

2. 주어진 자동차에서 시험위원의 지시에 따라 1개의 휠을 탈거하여 휠 밸런스 상태를 점검하여 기록 · 판정하시오.

항목	1. 측정(또는 점검)		2. 판정 및 정비(또는 조치) 사항		득점
	측정값	규정(정비한계)값	판정(□에 '✔' 표)	정비 및 조치 사항	
휠 밸런스	IN : OUT :	IN : OUT :	□ 양 호 □ 불 량		

3. 주어진 자동차에서 시험위원의 지시에 따라 타이로드 엔드를 탈거(시험위원에게 확인)하고, 다시 조립하여 조향 휠의 직진 상태를 확인하시오.

4. 주어진 자동차에서 시험위원의 지시에 따라 진단기(스캐너)로 자동변속기를 점검하고 기록 · 판정하시오.

항목	1. 측정(또는 점검)		2. 판정 및 정비(또는 조치) 사항		득점
	이상 부위	내용 및 상태	판정(□에 '✔' 표)	정비 및 조치 사항	
자동변속기 자기진단			□ 양 호 □ 불 량		

5. 주어진 자동차에서 시험위원의 지시에 따라 제동력을 측정하여 기록 · 판정하시오.

항목	1. 측정(또는 점검)				2. 판정			득점
	구분	측정값	기준값(%)		산출근거 및 제동력		판정(□에 '✔' 표)	
			편차	합	편차(%)	합(%)		
제동력 위치 (□에 '✔' 표) □ 앞 □ 뒤	좌						□ 양 호 □ 불 량	
	우							

☑ 전기

1. 주어진 자동차에서 에어컨 시스템의 에어컨 냉매(R-134a)를 회수(시험위원에게 확인)한 후 재충전하여 에어컨이 정상 작동되는지 확인하시오.

2. 주어진 자동차에서 ISC 밸브 듀티값을 측정하여 ISC 밸브의 이상 유무를 확인하여 기록표에 기록·판정하시오.(측정 조건 : 무부하 공회전 시)

항목	1. 측정(또는 점검)		2. 판정 및 정비(또는 조치) 사항		득점
	측정값	규정(정비한계)값	판정(□에 '✔' 표)	정비 및 조치 사항	
밸브 듀티 (열림 코일)			□ 양 호 □ 불 량		

3. 주어진 자동차에서 경음기(horn) 회로의 고장부분을 점검한 후 기록표에 기록·판정하시오.

항목	1. 측정(또는 점검)		2. 판정 및 정비(또는 조치) 사항		득점
	이상 부위	내용 및 상태	판정(□에 '✔' 표)	정비 및 조치 사항	
경음기 (horn)회로			□ 양 호 □ 불 량		

4. 주어진 자동차에서 좌 또는 우측의 전조등을 측정하고 기록표에 기록·판정하시오.

구분	측정(또는 점검)			판정(□에 '✔' 표)	득점
	항목	측정값	기준값		
(□에 '✔' 표) 위치 : □ 좌 □ 우 등식 : □ 2등식 □ 4등식	광도			□ 양 호 □ 불 량	

☑ 기관

1. 주어진 가솔린 기관에서 크랭크축을 탈거(시험위원에게 확인)하고 시험위원의 지시에 따라 기록표의 내용대로 기록·판정한 후 다시 조립하시오.

항목	1. 측정(또는 점검)		2. 판정 및 정비(또는 조치) 사항		득점
	측정값	규정(정비한계)값	판정(□에 '✔' 표)	정비 및 조치 사항	
( )번 저널 크랭크축 외경			□ 양 호 □ 불 량		

2. 주어진 전자제어 가솔린 기관에서 시험위원의 지시에 따라 시동에 필요한 크랭킹 회로의 고장부분 1개소를 점검 및 수리하여 시동하시오.

3. 주어진 자동차에서 기관의 스로틀 보디를 탈거(시험위원에게 확인)한 후 다시 조립하고, 시험위원의 지시에 따라 진단기(스캐너)를 사용하여 기관의 각종 센서(액추에이터)를 점검한 후 고장부분을 기록·판정하시오.

항목	1. 측정(또는 점검)			2. 고장 및 정비(또는 조치) 사항		득점
	고장 부위	측정값	규정값	고장 내용	정비 및 조치 사항	
센서(액추에이터) 점검						

4. 주어진 가솔린 자동차에서 시험위원의 지시에 따라 배기가스를 측정하여 기록·판정하시오.

항목	1. 측정(또는 점검)		2. 판정 (□에 '✔' 표)	득점
	측정값	기준값		
CO			□ 양 호 □ 불 량	
HC				

☑ 새시

1. 주어진 자동차에서 시험위원의 지시에 따라 앞 또는 뒤 범퍼를 탈거(시험위원에게 확인)한 후, 다시 조립하시오.

2. 주어진 자동차에서 시험위원의 지시에 따라 주차 브레이크 레버의 클릭 수(노치)를 점검하여 기록 · 판정하시오.

항목	1. 측정(또는 점검)		2. 판정 및 정비(또는 조치) 사항		득점
	측정값	규정(정비한계)값	판정(□에 '✔' 표)	정비 및 조치 사항	
주차 레버 클릭 수 (노치)			□ 양 호 □ 불 량		

3. 주어진 자동차에서 시험위원의 지시에 따라 파워 스티어링의 오일 펌프를 탈거(시험위원에게 확인)하고 다시 조립하여 오일량 점검 및 공기빼기 작업 후 스티어링의 작동 상태를 확인하시오.

4. 주어진 자동차에서 시험위원의 지시에 따라 진단기(스캐너)로 자동변속기를 점검하고 기록 · 판정하시오.

항목	1. 측정(또는 점검)		2. 판정 및 정비(또는 조치) 사항		득점
	이상 부위	내용 및 상태	판정(□에 '✔' 표)	정비 및 조치 사항	
자동변속기 자기진단			□ 양 호 □ 불 량		

5. 주어진 자동차에서 시험위원의 지시에 따라 좌 또는 우회전 시 최소회전반경을 측정하여 기록 · 판정하시오.

항목	1. 측정(또는 점검)			2. 판정 및 정비(또는 조치) 사항		득점
	최대조향각 (□에 '✔' 표)	기준값 (최소회전반경)	측정값 (최소회전반경)	판정 (□에 '✔' 표)	정비 및 조치 사항	
회전방향 (□에 '✔' 표) □ 좌 □ 우	□ 좌측 바퀴 □ 우측 바퀴 조향각 :			□ 양 호 □ 불 량		

☑ 전기

1. 자동차에서 다기능 스위치(콤비네이션 S/W)를 탈거(시험위원에게 확인)한 후 다시 부착하여 다기능 스위치가 작동되는지 확인하시오.

2. 주어진 자동차에서 시험위원의 지시에 따라 축전지의 비중 및 전압을 축전지 용량시험기를 작동하면서 측정하고 기록표에 기록 · 판정하시오.

항목	1. 측정(또는 점검)		2. 판정 및 정비(또는 조치) 사항		득점
	측정값	규정(정비한계)값	판정(□에 '✔' 표)	정비 및 조치 사항	
축전지 전해액 비중			□ 양 호 □ 불 량		
축전지 전압					

3. 주어진 자동차에서 기동 및 점화회로의 고장부분을 점검한 후 기록표에 기록 · 판정하시오.

항목	1. 측정(또는 점검)		2. 판정 및 정비(또는 조치) 사항		득점
	이상 부위	내용 및 상태	판정(□에 '✔' 표)	정비 및 조치 사항	
기동 및 점화회로			□ 양 호 □ 불 량		

4. 주어진 자동차에서 경음기 음을 측정하여 기록표에 기록 · 판정하시오.

항목	1. 측정(또는 점검)		2. 판정 및 정비(또는 조치) 사항		득점
	측정값	기준값	판정(□에 '✔' 표)	정비 및 조치 사항	
경음기 음량			□ 양 호 □ 불 량		

※ 단위가 누락되거나 틀린 경우는 오답으로 채점함
※ 암소음은 무시

☑ 기관

1. 주어진 DOHC 가솔린 기관에서 실린더 헤드를 탈거(시험위원에게 확인)하고, 시험위원의 지시에 따라 기록표의 내용대로 기록·판정한 후 다시 조립하시오.

항목	1. 측정(또는 점검)		2. 판정 및 정비(또는 조치) 사항		득점
	측정값	규정(정비한계)값	판정(□에 '✔' 표)	정비 및 조치 사항	
헤드 변형도			□ 양 호 □ 불 량		

2. 주어진 전자제어 가솔린 기관에서 시험위원의 지시에 따라 시동에 필요한 점화회로의 고장부분 1개소를 점검 및 수리하여 시동하시오.

3. 주어진 자동차에서 LPG기관의 점화플러그와 배선을 탈거(시험위원에게 확인)한 후 다시 조립하고 시험위원의 지시에 따라 진단기(스캐너)를 사용하여 기관의 각종 센서(액추에이터)를 점검한 후 고장부분을 기록하시오.

항목	1. 측정(또는 점검)			2. 고장 및 정비(또는 조치) 사항		득점
	고장 부위	측정값	규정값	고장 내용	정비 및 조치 사항	
센서(액추에이터) 점검						

4. 주어진 디젤 자동차에서 시험위원의 지시에 따라 매연을 측정하고 기록·판정하시오.

1. 측정(또는 점검)					2. 판정		득점
차종	연식	기준값	측정값	측정	산출근거(계산) 기록	판정(□에 '✔' 표)	
				1회 : 2회 : 3회 :		□ 양 호 □ 불 량	

1. 주어진 수동변속기에서 시험위원의 지시에 따라 후진 아이들 기어를 탈거(시험위원에게 확인)한 후 다시 조립하시오.

2. 주어진 자동차(ABS 장착차량)에서 시험위원의 지시에 따라 한쪽 브레이크 디스크의 두께 및 흔들림(런아웃)을 점검하여 기록 · 판정하시오.

항목	1. 측정(또는 점검)		2. 판정 및 정비(또는 조치) 사항		득점
	측정값	규정(정비한계)값	판정(□에 '✔' 표)	정비 및 조치 사항	
디스크 두께			□ 양 호 □ 불 량		
흔들림(런아웃)					

3. 주어진 자동차에서 시험위원의 지시에 따라 (좌 또는 우측) 타이로드 엔드를 탈거(시험위원에게 확인)하고 다시 조립하여 조향 휠의 직진 상태를 확인하시오.

4. 주어진 자동차에서 시험위원의 지시에 따라 자동변속기의 오일 압력을 점검하고 기록 · 판정하시오.

항목	1. 측정(또는 점검)		2. 판정 및 정비(또는 조치) 사항		득점
	측정값	규정값	판정(□에 '✔' 표)	정비 및 조치 사항	
( )의 오일 압력			□ 양 호 □ 불 량		

5. 주어진 자동차에서 시험위원의 지시에 따라 제동력을 측정하여 기록 · 판정하시오.

항목	1. 측정(또는 점검)				2. 판정			득점
	구분	측정값	기준값(%)		산출근거 및 제동력		판정(□에 '✔' 표)	
			편차	합	편차(%)	합(%)		
제동력 위치 (□에 '✔' 표) □ 앞 □ 뒤	좌						□ 양 호 □ 불 량	
	우							

1. 주어진 자동차에서 경음기와 릴레이를 탈거(시험위원에게 확인)한 후 다시 부착하여 작동을 확인하시오.

2. 주어진 자동차의 에어컨 시스템에서 시험위원의 지시에 따라 에어컨 라인의 압력을 점검하여 에어컨 작동 상태의 이상 유무를 확인한 후 기록표에 기록 · 판정하시오.

항목	1. 측정(또는 점검)		2. 판정 및 정비(또는 조치) 사항		득점
	측정값	규정(정비한계)값	판정(□에 '✔' 표)	정비 및 조치 사항	
저압			□ 양 호 □ 불 량		
고압					

3. 주어진 자동차에서 라디에이터 전동팬 회로의 고장부분을 점검한 후 기록표에 기록 · 판정하시오.

항목	1. 측정(또는 점검)		2. 판정 및 정비(또는 조치) 사항		득점
	이상 부위	내용 및 상태	판정(□에 '✔' 표)	정비 및 조치 사항	
전동팬 회로			□ 양 호 □ 불 량		

4. 주어진 자동차에서 좌 또는 우측의 전조등을 측정하고 기록표에 기록 · 판정하시오.

구분	측정(또는 점검)			판정(□에 '✔' 표)	득점
	항목	측정값	기준값		
(□에 '✔' 표) 위치 : □ 좌 　　　 □ 우 등식 : □ 2등식 　　　 □ 4등식	광도			□ 양 호 □ 불 량	

☑ 기관

1. 주어진 가솔린 기관에서 에어 클리너(어셈블리)와 점화플러그를 모두 탈거(시험위원에게 확인)하고 시험위원의 지시에 따라 기록표의 내용대로 기록 · 판정한 후 다시 조립하시오.

항목	1. 측정(또는 점검)		2. 판정 및 정비(또는 조치) 사항		득점
	측정값	규정(정비한계)값	판정(□에 '✔' 표)	정비 및 조치 사항	
( )번 실린더 압축압력			□ 양 호 □ 불 량		

2. 주어진 전자제어 가솔린 기관에서 시험위원의 지시에 따라 시동에 필요한 연료장치 회로의 이상 개소를 점검 및 수리하여 시동하시오.

3. 주어진 자동차에서 LPG 기관의 점화코일을 탈거(시험위원에게 확인)한 후 다시 조립하고 시험위원의 지시에 따라 진단기(스캐너)를 사용하여 기관의 각종 센서(액추에이터)를 점검한 후 고장부분을 기록하시오.

항목	1. 측정(또는 점검)			2. 고장 및 정비(또는 조치) 사항		득점
	고장 부위	측정값	규정값	고장 내용	정비 및 조치 사항	
센서(액추에이터) 점검						

4. 주어진 가솔린 자동차에서 시험위원의 지시에 따라 배기가스를 측정하여 기록 · 판정하시오.

항목	1. 측정(또는 점검)		2. 판정 (□에 '✔' 표)	득점
	측정값	기준값		
CO			□ 양 호 □ 불 량	
HC				

☑ 새시

1. 주어진 후륜(FR형식)자동차에서 시험위원의 지시에 따라 액슬축을 탈거(시험위원에게 확인)한 후 다시 조립하시오.

2. 주어진 자동차에서 시험위원의 지시에 따라 자동변속기의 오일량을 점검하여 기록 · 판정하시오.

항목	1. 측정(또는 점검)	2. 판정 및 정비(또는 조치) 사항		득점
		판정(□에 '✔' 표)	정비 및 조치 사항	
오일량	Cold Hot 오일 레벨 게이지에 그리시오.	□ 양 호 □ 불 량		

3. 주어진 자동차에서 시험위원의 지시에 따라 브레이크 캘리퍼를 탈거(시험위원에게 확인)하고 다시 조립하여 공기빼기 작업 후 브레이크의 작동 상태를 확인하시오.

4. 주어진 자동차에서 시험위원의 지시에 따라 인히비터 스위치와 변속 선택 레버 위치를 점검하고 기록 · 판정하시오.

항목	1. 측정(또는 점검)		2. 판정 및 정비(또는 조치) 사항		득점
	점검 위치	내용 및 상태	판정(□에 '✔' 표)	정비 및 조치 사항	
인히비터 스위치			□ 양 호 □ 불 량		
변속 선택 레버					

5. 주어진 자동차에서 시험위원의 지시에 따라 좌 또는 우회전 시 최소회전반경을 측정하여 기록 · 판정하시오.

항목	1. 측정(또는 점검)			2. 판정 및 정비(또는 조치) 사항		득점
	최대조향각 (□에 '✔' 표)	기준값 (최소회전반경)	측정값 (최소회전반경)	판정 (□에 '✔' 표)	정비 및 조치 사항	
회전방향 (□에 '✔' 표) □ 좌 □ 우	□ 좌측 바퀴 □ 우측 바퀴 조향각 :			□ 양 호 □ 불 량		

✅ 전기

1. 주어진 자동차에서 시험위원의 지시에 따라 윈도 레귤레이터(또는 파워 윈도 모터)를 탈거(시험위원에게 확인)한 후 다시 부착하여 윈도 모터가 원활하게 작동되는지 확인하시오.

2. 주어진 자동차에서 축전지를 시험위원의 지시에 따라 급속 충전한 후 충전된 축전지의 비중과 전압을 측정하여 기록표에 기록·판정하시오.

항목	1. 측정(또는 점검)		2. 판정 및 정비(또는 조치) 사항		득점
	측정값	규정(정비한계)값	판정(□에 '✔' 표)	정비 및 조치 사항	
축전지 비중			□ 양 호 □ 불 량		
축전지 전압					

3. 주어진 자동차에서 충전회로의 고장부분을 점검한 후 기록표에 기록·판정하시오.

항목	1. 측정(또는 점검)		2. 판정 및 정비(또는 조치) 사항		득점
	이상 부위	내용 및 상태	판정(□에 '✔' 표)	정비 및 조치 사항	
충전회로			□ 양 호 □ 불 량		

4. 주어진 자동차에서 경음기 음을 측정하여 기록표에 기록·판정하시오.

항목	1. 측정(또는 점검)		2. 판정 및 정비(또는 조치) 사항		득점
	측정값	기준값	판정(□에 '✔' 표)	정비 및 조치 사항	
경음기 음량			□ 양 호 □ 불 량		

기관

1. 주어진 가솔린 기관에서 크랭크축을 탈거(시험위원에게 확인)하고, 시험위원의 지시에 따라 기록표의 내용대로 기록 · 판정한 후 다시 조립하시오.

항목	1. 측정(또는 점검)		2. 판정 및 정비(또는 조치) 사항		득점
	측정값	규정(정비한계)값	판정(□에 '✔' 표)	정비 및 조치 사항	
크랭크축 방향 유격			□ 양 호 □ 불 량		

2. 주어진 전자제어 가솔린 기관에서 시험위원의 지시에 따라 시동에 필요한 크랭킹 회로의 이상 개소를 점검 및 수리하여 시동하시오.

3. 주어진 자동차에서 LPG 기관의 맵 센서(공기 유량 센서)를 탈거(시험위원에게 확인)한 후 다시 조립하고 시험위원의 지시에 따라 진단기(스캐너)를 사용하여 기관의 각종 센서(액추에이터)를 점검한 후 고장부분을 기록하시오.

항목	1. 측정(또는 점검)			2. 고장 및 정비(또는 조치) 사항		득점
	고장 부위	측정값	규정값	고장 내용	정비 및 조치 사항	
센서(액추에이터) 점검						

4. 주어진 디젤 자동차에서 시험위원의 지시에 따라 매연을 측정하고 기록 · 판정하시오.

1. 측정(또는 점검)					2. 판정		득점
차종	연식	기준값	측정값	측정	산출근거(계산) 기록	판정(□에 '✔' 표)	
				1회 : 2회 : 3회 :		□ 양 호 □ 불 량	

1. 주어진 자동차에서 시험위원의 지시에 따라 뒤 쇼크업소버(shock absorber) 및 현가 스프링 1개를 탈거 (시험위원에게 확인)한 후 다시 조립하시오.

2. 주어진 자동차에서 시험위원의 지시에 따라 종감속 기어의 백래시를 점검하여 기록·판정하시오.

항목	1. 측정(또는 점검)		2. 판정 및 정비(또는 조치) 사항		득점
	측정값	규정(정비한계)값	판정(□에 '✔' 표)	정비 및 조치 사항	
백래시			□ 양 호 □ 불 량		

3. 주어진 자동차에서 시험위원의 지시에 따라 브레이크 휠 실린더를 탈거(시험위원에게 확인)하고, 다시 조립하여 공기빼기 작업 후 브레이크의 작동 상태를 확인하시오.

4. 주어진 자동차에서 시험위원의 지시에 따라 진단기(스캐너)로 ABS 장치를 점검하고 기록·판정하시오.

항목	1. 측정(또는 점검)		2. 판정 및 정비(또는 조치) 사항		득점
	이상 부위	내용 및 상태	판정(□에 '✔' 표)	정비 및 조치 사항	
ABS 자기진단			□ 양 호 □ 불 량		

5. 주어진 자동차에서 시험위원의 지시에 따라 제동력을 측정하여 기록·판정하시오.

항목	1. 측정(또는 점검)		기준값(%)		2. 판정			득점
	구분	측정값	편차	합	산출근거 및 제동력 편차(%)	합(%)	판정(□에 '✔' 표)	
제동력 위치 (□에 '✔' 표) □ 앞 □ 뒤	좌						□ 양 호 □ 불 량	
	우							

☑ 전기

1. 주어진 자동차에서 시험위원의 지시에 따라 전조등(헤드라이트)을 탈거(시험위원에게 확인)한 후 다시 부착하여 전조등을 켜서 조사방향(육안검사) 및 작동 여부를 확인한 후 필요하면 조정하시오.

2. 주어진 자동차의 발전기에서 충전되는 전류와 전압을 점검한 후 기록표에 기록·판정하시오.

항목	1. 측정(또는 점검)		2. 판정 및 정비(또는 조치) 사항		득점
	측정값	규정(정비한계)값	판정(□에 '✔' 표)	정비 및 조치 사항	
충전전류			□ 양 호 □ 불 량		
충전전압					

3. 주어진 자동차에서 에어컨 회로의 고장부분을 점검한 후 기록표에 기록·판정하시오.

항목	1. 측정(또는 점검)		2. 판정 및 정비(또는 조치) 사항		득점
	이상 부위	내용 및 상태	판정(□에 '✔' 표)	정비 및 조치 사항	
에어컨 회로			□ 양 호 □ 불 량		

4. 주어진 자동차에서 경음기 음을 측정하여 기록표에 기록·판정하시오.

항목	1. 측정(또는 점검)		2. 판정 및 정비(또는 조치) 사항		득점
	측정값	기준값	판정(□에 '✔' 표)	정비 및 조치 사항	
경음기 음량			□ 양 호 □ 불 량		

※ 암소음은 무시

☑ **기관**

1. 주어진 가솔린 기관에서 크랭크축과 메인 베어링을 탈거(시험위원에게 확인)하고 시험위원의 지시에 따라 기록표의 내용대로 기록 · 판정한 후 다시 조립하시오.

항목	1. 측정(또는 점검)		2. 판정 및 정비(또는 조치) 사항		득점
	측정값	규정(정비한계)값	판정(□에 '✔' 표)	정비 및 조치 사항	
크랭크축 오일 간극			□ 양 호 □ 불 량		

2. 주어진 전자제어 가솔린 기관에서 시험위원의 지시에 따라 시동에 필요한 점화장치 회로의 이상 개소를 점검 및 수리하여 시동하시오.

3. 주어진 자동차에서 가솔린 기관의 연료펌프를 탈거(시험위원에게 확인)한 후 다시 조립하고 시험위원의 지시에 따라 진단기(스캐너)를 사용하여 기관의 각종 센서(액추에이터)를 점검한 후 고장부분을 기록 · 판정하시오.

항목	1. 측정(또는 점검)			2. 고장 및 정비(또는 조치) 사항		득점
	고장 부위	측정값	규정값	고장 내용	정비 및 조치 사항	
센서(액추에이터) 점검						

4. 주어진 가솔린 자동차에서 시험위원의 지시에 따라 배기가스를 측정하여 기록 · 판정하시오.

항목	1. 측정(또는 점검)		2. 판정 (□에 '✔' 표)	득점
	측정값	기준값		
CO			□ 양 호 □ 불 량	
HC				

☑ 새시

1. 주어진 자동변속기에서 시험위원의 지시에 따라 오일 필터 및 유온 센서를 탈거(시험위원에게 확인)한 후 다시 조립하시오.

2. 주어진 자동차에서 시험위원의 지시에 따라 브레이크 페달의 작동 상태를 점검하여 기록 · 판정하시오.

항목	1. 측정(또는 점검)		2. 판정 및 정비(또는 조치) 사항		득점
	측정값	규정(정비한계)값	판정(□에 '✔' 표)	정비 및 조치 사항	
작동 거리			□ 양 호 □ 불 량		
페달 유격					

3. 주어진 자동차에서 시험위원의 지시에 따라 파워 스티어링 오일 펌프를 탈거(시험위원에게 확인)하고 다시 조립하여 오일량 점검 및 공기빼기 작업 후 스티어링의 작동 상태를 확인하시오.

4. 주어진 자동차에서 시험위원의 지시에 따라 진단기(스캐너)로 전자제어 현가장치(ECS)를 점검하고 기록 · 판정하시오.

항목	1. 측정(또는 점검)		2. 판정 및 정비(또는 조치) 사항		득점
	이상 부위	내용 및 상태	판정(□에 '✔' 표)	정비 및 조치 사항	
전자제어 현가장치 자기진단			□ 양 호 □ 불 량		

5. 주어진 자동차에서 시험위원의 지시에 따라 좌 또는 우회전 시 최소회전반경을 측정하여 기록 · 판정하시오.

항목	1. 측정(또는 점검)			2. 판정 및 정비(또는 조치) 사항		득점
	최대조향각 (□에 '✔' 표)	기준값 (최소회전반경)	측정값 (최소회전반경)	판정 (□에 '✔' 표)	정비 및 조치 사항	
회전방향 (□에 '✔' 표) □ 좌 □ 우	□ 좌측 바퀴 □ 우측 바퀴 조향각 :			□ 양 호 □ 불 량		

1. 주어진 자동차에서 에어컨 필터(실내 필터)를 탈거(시험위원에게 확인)한 후 다시 부착하여 블로어 작동 상태를 확인하시오.

2. 주어진 자동차에서 기관의 인젝터 코일 저항(1개)을 점검하여 솔레노이드 밸브의 이상 유무를 확인한 후 기록표에 기록 · 판정하시오.

항목	1. 측정(또는 점검)		2. 판정 및 정비(또는 조치) 사항		득점
	측정값	규정(정비한계)값	판정(□에 '✔' 표)	정비 및 조치 사항	
코일 저항			□ 양 호 □ 불 량		

3. 주어진 자동차에서 점화회로의 고장부분을 점검한 후 기록표에 기록 · 판정하시오.

항목	1. 측정(또는 점검)		2. 판정 및 정비(또는 조치) 사항		득점
	이상 부위	내용 및 상태	판정(□에 '✔' 표)	정비 및 조치 사항	
점화회로			□ 양 호 □ 불 량		

4. 주어진 자동차에서 좌 또는 우측의 전조등을 측정하고 기록표에 기록 · 판정하시오.

구분	측정(또는 점검)			판정(□에 '✔' 표)	득점
	항목	측정값	기준값		
(□에 '✔' 표) 위치 : □ 좌 　　　 □ 우 등식 : □ 2등식 　　　 □ 4등식	광도			□ 양 호 □ 불 량	

☑ 기관

1. 주어진 DOHC 가솔린 기관에서 실린더 헤드와 캠축을 탈거(시험위원에게 확인)하고 시험위원의 지시에 따라 기록표의 내용대로 기록·판정한 후 다시 조립하시오.

항목	1. 측정(또는 점검)		2. 판정 및 정비(또는 조치) 사항		득점
	측정값	규정(정비한계)값	판정(□에 '✔' 표)	정비 및 조치 사항	
캠축 휨			□ 양 호 □ 불 량		

2. 주어진 전자제어 가솔린 기관에서 시험위원의 지시에 따라 시동에 필요한 연료장치 회로의 이상 개소를 점검 및 수리하여 시동하시오.

3. 주어진 자동차에서 기관의 연료펌프를 탈거(시험위원에게 확인)한 후 다시 조립하고 시험위원의 지시에 따라 진단기(스캐너)를 사용하여 기관의 각종 센서(액추에이터)를 점검한 후 고장부분을 기록하시오.

항목	1. 측정(또는 점검)			2. 고장 및 정비(또는 조치) 사항		득점
	고장 부위	측정값	규정값	고장 내용	정비 및 조치 사항	
센서(액추에이터) 점검						

4. 주어진 디젤 자동차에서 시험위원의 지시에 따라 매연을 측정하고 기록·판정하시오.

1. 측정(또는 점검)					2. 판정		득점
차종	연식	기준값	측정값	측정	산출근거(계산) 기록	판정(□에 '✔' 표)	
				1회 : 2회 : 3회 :		□ 양 호 □ 불 량	

☑ 새시

1. 주어진 후륜 구동(FR형식)자동차에서 시험위원의 지시에 따라 추진축(또는 propeller shaft)을 탈거(시험위원에게 확인)한 후 다시 조립하시오.

2. 주어진 자동차에서 시험위원의 지시에 따라 토(toe)를 점검하여 기록 · 판정하시오.

항목	1. 측정(또는 점검)		2. 판정 및 정비(또는 조치) 사항		득점
	측정값	규정(정비한계)값	판정(□에 '✔' 표)	정비 및 조치 사항	
토(toe)			□ 양 호 □ 불 량		

3. 주어진 자동차에서 시험위원의 지시에 따라 브레이크 마스터 실린더를 탈거(시험위원에게 확인)하고 다시 조립하여 공기빼기 작업 후 브레이크의 작동 상태를 확인하시오.

4. 주어진 자동차에서 시험위원의 지시에 따라 진단기(스캐너)로 자동변속기를 점검하고 기록 · 판정하시오.

항목	1. 측정(또는 점검)		2. 판정 및 정비(또는 조치) 사항		득점
	이상 부위	내용 및 상태	판정(□에 '✔' 표)	정비 및 조치 사항	
자동변속기 자기진단			□ 양 호 □ 불 량		

5. 주어진 자동차에서 시험위원의 지시에 따라 제동력을 측정하여 기록 · 판정하시오.

항목	1. 측정(또는 점검)				2. 판정			득점
	구분	측정값	기준값(%)		산출근거 및 제동력		판정(□에 '✔' 표)	
			편차	합	편차(%)	합(%)		
제동력 위치 (□에 '✔' 표) □ 앞 □ 뒤	좌						□ 양 호 □ 불 량	
	우							

1. 주어진 자동차에서 라디에이터 전동팬을 탈거(시험위원에게 확인)한 후 다시 부착하여 전동팬이 작동하는지 확인하시오.

2. 주어진 자동차에서 시동 모터의 크랭킹 전압강하 시험을 기록표에 기록 · 판정하시오.

항목	1. 측정(또는 점검)		2. 판정 및 정비(또는 조치) 사항		득점
	측정값	규정(정비한계)값	판정(□에 '✔' 표)	정비 및 조치 사항	
전압강하			□ 양 호 □ 불 량		

3. 주어진 자동차에서 제동등 및 미등회로의 고장부분을 점검한 후 기록표에 기록 · 판정하시오.

항목	1. 측정(또는 점검)		2. 판정 및 정비(또는 조치) 사항		득점
	이상 부위	내용 및 상태	판정(□에 '✔' 표)	정비 및 조치 사항	
제동등 및 미등회로			□ 양 호 □ 불 량		

4. 주어진 자동차에서 좌 또는 우측의 전조등을 측정하고 기록표에 기록 · 판정하시오.

구분	측정(또는 점검)			판정(□에 '✔' 표)	득점
	항목	측정값	기준값		
(□에 '✔' 표) 위치 : □ 좌 □ 우 등식 : □ 2등식 □ 4등식	광도			□ 양 호 □ 불 량	

※ 측정 위치는 시험위원이 지정하는 곳에 ✔ 표시함

☑ 기관

1. 주어진 디젤 기관에서 크랭크축을 탈거(시험위원에게 확인)하고 시험위원의 지시에 따라 기록표의 내용 대로 기록·판정한 후 다시 조립하시오.

항목	1. 측정(또는 점검)		2. 판정 및 정비(또는 조치) 사항		득점
	측정값	규정(정비한계)값	판정(□에 '✔' 표)	정비 및 조치 사항	
플라이 휠 런아웃			□ 양 호 □ 불 량		

2. 주어진 전자제어 가솔린 기관에서 시험위원의 지시에 따라 시동에 필요한 크랭킹 회로의 이상 개소를 점검 및 수리하여 시동하시오.

3. 주어진 자동차에서 기관의 연료펌프를 탈거(시험위원에게 확인)한 후 다시 조립하고 시험위원의 지시에 따라 진단기(스캐너)를 사용하여 기관의 각종 센서(액추에이터)를 점검한 후 고장부분을 기록하시오.

항목	1. 측정(또는 점검)			2. 고장 및 정비(또는 조치) 사항		득점
	고장 부위	측정값	규정값	고장 내용	정비 및 조치 사항	
센서(액추에이터) 점검						

4. 주어진 가솔린 자동차에서 시험위원의 지시에 따라 배기가스를 측정하여 기록·판정하시오.

항목	1. 측정(또는 점검)		2. 판정 (□에 '✔' 표)	득점
	측정값	기준값		
CO			□ 양 호 □ 불 량	
HC				

1. 주어진 자동차에서 시험위원의 지시에 따라 후륜구동(FR 형식) 종감속장치에서 차동기어를 탈거(시험위원에게 확인)한 후 다시 조립하시오.

2. 주어진 자동차에서 시험위원의 지시에 따라 클러치 페달의 유격을 점검하여 기록 · 판정하시오.

항목	1. 측정(또는 점검)		2. 판정 및 정비(또는 조치) 사항		득점
	측정값	규정(정비한계)값	판정(□에 '✔' 표)	정비 및 조치 사항	
클러치 페달 유격			□ 양 호 □ 불 량		

3. 주어진 자동차에서 시험위원의 지시에 따라 브레이크 라이닝(슈)을 탈거(시험위원에게 확인)하고 다시 조립하여 브레이크의 작동 상태를 확인하시오.

4. 주어진 자동차에서 시험위원의 지시에 따라 진단기(스캐너)로 ABS 장치를 점검하고 기록 · 판정하시오.

항목	1. 측정(또는 점검)		2. 판정 및 정비(또는 조치) 사항		득점
	이상 부위	내용 및 상태	판정(□에 '✔' 표)	정비 및 조치 사항	
ABS 자기진단			□ 양 호 □ 불 량		

5. 주어진 자동차에서 시험위원의 지시에 따라 좌 또는 우회전 시 최소회전반경을 측정하여 기록 · 판정하시오.

항목	1. 측정(또는 점검)			2. 판정 및 정비(또는 조치) 사항		득점
	최대조향각 (□에 '✔' 표)	기준값 (최소회전반경)	측정값 (최소회전반경)	판정 (□에 '✔' 표)	정비 및 조치 사항	
회전방향 (□에 '✔' 표) □ 좌 □ 우	□ 좌측 바퀴 □ 우측 바퀴 조향각 :			□ 양 호 □ 불 량		

☑ 전기

1. 주어진 자동차에서 발전기를 탈거(시험위원에게 확인)한 후, 다시 부착하여 발전기의 충전전압을 점검하고 정상 작동하는지 확인하시오.

2. 주어진 자동차에서 시험위원의 지시에 따라 스텝 모터(공회전 속도 조절 서보)의 저항을 점검하여 스텝 모터의 고장부분을 확인한 후 기록표에 기록 · 판정하시오.

항목	1. 측정(또는 점검)		2. 판정 및 정비(또는 조치) 사항		득점
	측정값	규정(정비한계)값	판정(□에 '✔' 표)	정비 및 조치 사항	
스텝 모터 저항			□ 양 호 □ 불 량		

3. 주어진 자동차에서 실내등 및 열선회로의 고장부분을 점검한 후 기록표에 기록 · 판정하시오.

항목	1. 측정(또는 점검)		2. 판정 및 정비(또는 조치) 사항		득점
	이상 부위	내용 및 상태	판정(□에 '✔' 표)	정비 및 조치 사항	
실내등 및 열선회로			□ 양 호 □ 불 량		

4. 주어진 자동차에서 경음기 음을 측정하여 기록표에 기록 · 판정하시오.

항목	1. 측정(또는 점검)		2. 판정 및 정비(또는 조치) 사항		득점
	측정값	기준값	판정(□에 '✔' 표)	정비 및 조치 사항	
경음기 음량			□ 양 호 □ 불 량		

※ 단위가 누락되거나 틀린 경우는 오답으로 채점함
※ 암소음은 무시

☑ 기관

1. 주어진 전자제어 디젤(CRDI) 기관에서 인젝터(1개)와 예열 플러그(1개)를 탈거(시험위원에게 확인)하고 시험위원의 지시에 따라 기록표의 내용대로 기록 · 판정한 후 다시 조립하시오.

항목	1. 측정(또는 점검)		2. 판정 및 정비(또는 조치) 사항		득점
	측정값	규정(정비한계)값	판정(□에 '✔' 표)	정비 및 조치 사항	
예열 플러그 저항			□ 양 호 □ 불 량		

2. 주어진 전자제어 가솔린 기관에서 시험위원의 지시에 따라 시동에 필요한 점화회로의 이상 개소를 점검 및 수리하여 시동하시오.

3. 주어진 자동차에서 기관의 공기유량센서(AFS)와 에어 필터를 탈거(시험위원에게 확인)한 후 다시 조립하고 시험위원의 지시에 따라 진단기(스캐너)를 사용하여 기관의 각종 센서(액추에이터)를 점검한 후 기록표에 기록하시오.

항목	1. 측정(또는 점검)			2. 고장 및 정비(또는 조치) 사항		득점
	고장 부위	측정값	규정값	고장 내용	정비 및 조치 사항	
센서(액추에이터) 점검						

4. 주어진 디젤 자동차에서 시험위원의 지시에 따라 매연을 측정하고 기록 · 판정하시오.

1. 측정(또는 점검)					2. 판정		득점
차종	연식	기준값	측정값	측정	산출근거(계산) 기록	판정(□에 '✔' 표)	
				1회 : 2회 : 3회 :		□ 양 호 □ 불 량	

1. 주어진 자동변속기에서 시험위원의 지시에 따라 오일펌프를 탈거(시험위원에게 확인)한 후 다시 조립하시오.

2. 주어진 자동차에서 시험위원의 지시에 따라 사이드 슬립을 측정하여 기록 · 판정하시오.

항목	1. 측정(또는 점검)		2. 판정 및 정비(또는 조치) 사항		득점
	측정값	규정(정비한계)값	판정(□에 '✔' 표)	정비 및 조치 사항	
사이드 슬립			□ 양 호 □ 불 량		

3. 주어진 자동차(ABS 장착 차량)에서 시험위원의 지시에 따라 브레이크 패드를 탈거(시험위원에게 확인)하고 다시 조립하여 브레이크의 작동 상태를 확인하시오.

4. 주어진 자동차에서 시험위원의 지시에 따라 자동변속기의 오일 압력을 점검하고 기록 · 판정하시오.

항목	1. 측정(또는 점검)		2. 판정 및 정비(또는 조치) 사항		득점
	측정값	규정값	판정(□에 '✔' 표)	정비 및 조치 사항	
자동변속기의 오일 압력			□ 양 호 □ 불 량		

5. 주어진 자동차에서 시험위원의 지시에 따라 제동력을 측정하여 기록 · 판정하시오.

항목	1. 측정(또는 점검)				2. 판정			득점
	구분	측정값	기준값(%)		산출근거 및 제동력		판정(□에 '✔' 표)	
			편차	합	편차(%)	합(%)		
제동력 위치 (□에 '✔' 표) □ 앞 □ 뒤	좌						□ 양 호 □ 불 량	
	우							

1. 주어진 자동차에서 시험위원의 지시에 따라 히터 블로어 모터를 탈거(시험위원에게 확인)한 후 다시 부착하여 모터가 정상적으로 작동되는지 확인하시오.

2. 주어진 자동차에서 스텝 모터(공회전 속도 조절 서보)의 저항을 점검하여 스텝 모터의 고장 유무를 확인한 후 기록표에 기록 · 판정하시오.

항목	1. 측정(또는 점검)		2. 판정 및 정비(또는 조치) 사항		득점
	측정값	규정(정비한계)값	판정(□에 '✔' 표)	정비 및 조치 사항	
스텝 모터의 저항			□ 양 호 □ 불 량		

3. 주어진 자동차에서 방향지시등 회로의 고장부분을 점검한 후 기록표에 기록 · 판정하시오.

항목	1. 측정(또는 점검)		2. 판정 및 정비(또는 조치) 사항		득점
	이상 부위	내용 및 상태	판정(□에 '✔' 표)	정비 및 조치 사항	
방향지시등 회로			□ 양 호 □ 불 량		

4. 주어진 자동차에서 좌 또는 우측의 전조등을 측정하고 기록표에 기록 · 판정하시오.

구분	측정(또는 점검)			판정(□에 '✔' 표)	득점
	항목	측정값	기준값		
(□에 '✔' 표) 위치 : □ 좌 　　　 □ 우 등식 : □ 2등식 　　　 □ 4등식	광도			□ 양 호 □ 불 량	

※ 측정 위치는 시험위원이 지정하는 곳에 ✔ 표시함
※ 단위가 누락되거나 틀린 경우는 오답으로 채점함

☑ 기관

1. 주어진 DOHC 가솔린 기관에서 실린더 헤드와 피스톤(1개)을 탈거(시험위원에게 확인)하고 시험위원의 지시에 따라 기록표의 내용대로 기록 · 판정한 후 다시 조립하시오.

항목	1. 측정(또는 점검)		2. 판정 및 정비(또는 조치) 사항		득점
	측정값	규정(정비한계)값	판정(□에 '✔' 표)	정비 및 조치 사항	
실린더 간극			□ 양 호 □ 불 량		

2. 주어진 전자제어 가솔린 기관에서 시험위원의 지시에 따라 시동에 필요한 연료장치 회로의 이상 개소를 점검 및 수리하여 시동하시오.

3. 주어진 자동차에서 기관의 공기 유량 센서(AFS)와 에어 필터를 탈거(시험위원에게 확인)한 후 다시 조립하고 시험위원의 지시에 따라 진단기(스캐너)를 사용하여 기관의 각종 센서(액추에이터)를 점검한 후 고장부분을 기록하시오.

항목	1. 측정(또는 점검)			2. 고장 및 정비(또는 조치) 사항		득점
	고장 부위	측정값	규정값	고장 내용	정비 및 조치 사항	
센서(액추에이터) 점검						

4. 주어진 가솔린 자동차에서 시험위원의 지시에 따라 배기가스를 측정하여 기록 · 판정하시오.

항목	1. 측정(또는 점검)		2. 판정 (□에 '✔' 표)	득점
	측정값	기준값		
CO			□ 양 호 □ 불 량	
HC				

1. 주어진 수동변속기에서 시험위원의 지시에 따라 1단 기어를 탈거(시험위원에게 확인)한 후 다시 조립하시오.

2. 주어진 자동차(ABS 장착 차량)에서 시험위원의 지시에 따라 톤 휠 간극을 점검하여 기록 · 판정하시오.

항목	1. 측정(또는 점검)		2. 판정 및 정비(또는 조치) 사항		득점
	측정값	규정(정비한계)값	판정(□에 '✔' 표)	정비 및 조치 사항	
톤 휠 간극			□ 양 호 □ 불 량		

3. 주어진 자동차에서 시험위원의 지시에 따라 브레이크 휠 실린더를 탈거(시험위원에게 확인)하고 다시 조립하여 공기빼기 작업 후 브레이크의 작동 상태를 확인하시오.

4. 주어진 자동차에서 시험위원의 지시에 따라 진단기(스캐너)로 자동변속기를 점검하고 기록 · 판정하시오.

항목	1. 측정(또는 점검)		2. 판정 및 정비(또는 조치) 사항		득점
	이상 부위	내용 및 상태	판정(□에 '✔' 표)	정비 및 조치 사항	
자동변속기 자기진단			□ 양 호 □ 불 량		

5. 주어진 자동차에서 시험위원의 지시에 따라 좌 또는 우회전 시 최소회전반경을 측정하여 기록 · 판정하시오.

항목	1. 측정(또는 점검)			2. 판정 및 정비(또는 조치) 사항		득점
	최대조향각 (□에 '✔' 표)	기준값 (최소회전반경)	측정값 (최소회전반경)	판정 (□에 '✔' 표)	정비 및 조치 사항	
회전방향 (□에 '✔' 표) □ 좌 □ 우	□ 좌측 바퀴 □ 우측 바퀴 조향각 :			□ 양 호 □ 불 량		

1. 주어진 자동차에서 에어컨 벨트를 탈거(시험위원에게 확인)한 후 다시 부착하여 벨트 장력까지 점검한 후 에어컨 컴프레서가 작동되는지 확인하시오.

2. 주어진 자동차에서 시험위원의 지시에 따라 메인 컨트롤 릴레이의 고장부분을 점검한 후 기록표에 기록·판정하시오.

항목	1. 측정(또는 점검)	2. 판정 및 정비(또는 조치) 사항		득점
		판정(□에 '✔' 표)	정비 및 조치 사항	
코일이 여자되었을 때	□ 양 호 □ 불 량	□ 양 호 □ 불 량		
코일이 여자되지 않았을 때	□ 양 호 □ 불 량			

3. 주어진 자동차에서 와이퍼 회로의 고장부분을 점검한 후 기록표에 기록·판정하시오.

항목	1. 측정(또는 점검)		2. 판정 및 정비(또는 조치) 사항		득점
	이상 부위	내용 및 상태	판정(□에 '✔' 표)	정비 및 조치 사항	
와이퍼 회로			□ 양 호 □ 불 량		

4. 주어진 자동차에서 경음기 음을 측정하여 기록표에 기록·판정하시오.

항목	1. 측정(또는 점검)		2. 판정 및 정비(또는 조치) 사항		득점
	측정값	기준값	판정(□에 '✔' 표)	정비 및 조치 사항	
경음기 음량			□ 양 호 □ 불 량		

※ 단위가 누락되거나 틀린 경우는 오답으로 채점함
※ 암소음은 무시

☑ **기관**

1. 주어진 가솔린 기관에서 실린더 헤드와 피스톤(1개)을 탈거(시험위원에게 확인)하고 시험위원의 지시에 따라 기록표의 내용대로 기록 · 판정한 후 다시 조립하시오.

항목	1. 측정(또는 점검)		2. 판정 및 정비(또는 조치) 사항		득점
	측정값	규정(정비한계)값	판정(□에 '✔' 표)	정비 및 조치 사항	
피스톤 링 이음 간극	압축링 :		□ 양 호 □ 불 량		

2. 주어진 전자제어 가솔린 기관에서 시험위원의 지시에 따라 시동에 필요한 크랭킹 회로의 이상 개소를 점검 및 수리하여 시동하시오.

3. 주어진 자동차에서 기관의 공기 유량 센서(AFS)와 에어 필터를 탈거(시험위원에게 확인)한 후 다시 조립하고 시험위원의 지시에 따라 진단기(스캐너)를 사용하여 기관의 각종 센서(액추에이터)를 점검한 후 고장부분을 기록하시오.

항목	1. 측정(또는 점검)			2. 고장 및 정비(또는 조치) 사항		득점
	고장 부위	측정값	규정값	고장 내용	정비 및 조치 사항	
센서(액추에이터) 점검						

4. 주어진 디젤 자동차에서 시험위원의 지시에 따라 매연을 측정하고 기록 · 판정하시오.

1. 측정(또는 점검)					2. 판정		득점
차종	연식	기준값	측정값	측정	산출근거(계산) 기록	판정(□에 '✔' 표)	
				1회 : 2회 : 3회 :		□ 양 호 □ 불 량	

1. 주어진 자동변속기에서 시험위원의 지시에 따라 밸브 보디를 탈거(시험위원에게 확인)한 후 다시 조립하시오.

2. 주어진 자동차에서 시험위원의 지시에 따라 자동변속기의 오일량을 점검하여 기록 · 판정하시오.

항목	1. 측정(또는 점검)	2. 판정 및 정비(또는 조치) 사항		득점
		판정(□에 '✔' 표)	정비 및 조치 사항	
오일량	Cold ⸺ Hot 오일 레벨 게이지에 그리시오.	□ 양 호 □ 불 량		

3. 주어진 자동차에서 시험위원의 지시에 따라 클러치 릴리스 실린더를 탈거(시험위원에게 확인)하고 다시 조립하여 공기빼기 작업 후 클러치의 작동 상태를 확인하시오.

4. 주어진 자동차에서 시험위원의 지시에 따라 진단기(스캐너)로 전자제어 현가장치(ECS)를 점검하고 기록 · 판정하시오.

항목	1. 측정(또는 점검)		2. 판정 및 정비(또는 조치) 사항		득점
	이상 부위	내용 및 상태	판정(□에 '✔' 표)	정비 및 조치 사항	
전자제어 현가장치 자기진단			□ 양 호 □ 불 량		

5. 주어진 자동차에서 시험위원의 지시에 따라 제동력을 측정하여 기록 · 판정하시오.

항목	1. 측정(또는 점검)				2. 판정			득점
	구분	측정값	기준값(%)		산출근거 및 제동력		판정(□에 '✔' 표)	
			편차	합	편차(%)	합(%)		
제동력 위치 (□에 '✔' 표) □ 앞 □ 뒤	좌						□ 양 호 □ 불 량	
	우							

☑ 전기

1. 주어진 자동차에서 시험위원의 지시에 따라 계기판을 탈거(시험위원에게 확인)한 후 다시 부착하여 계기판의 작동 여부를 확인하시오.

2. 자동차에서 점화코일 1차, 2차 저항을 측정하고 코일의 고장 유무를 확인하여 기록표에 기록 · 판정하시오.

항목	1. 측정(또는 점검)		2. 판정 및 정비(또는 조치) 사항		득점
	측정값	규정(정비한계)값	판정(□에 '✔' 표)	정비 및 조치 사항	
1차 저항			□ 양 호 □ 불 량		
2차 저항			□ 양 호 □ 불 량		

3. 주어진 자동차에서 파워 윈도 회로의 고장부분을 점검한 후 기록표에 기록 · 판정하시오.

항목	1. 측정(또는 점검)		2. 판정 및 정비(또는 조치) 사항		득점
	이상 부위	내용 및 상태	판정(□에 '✔' 표)	정비 및 조치 사항	
파워 윈도우 회로			□ 양 호 □ 불 량		

4. 주어진 자동차에서 좌 또는 우측의 전조등을 측정하고 기록표에 기록 · 판정하시오.

구분	측정(또는 점검)			판정(□에 '✔' 표)	득점
	항목	측정값	기준값		

(□에 '✔' 표)
 위치 : □ 좌
       □ 우
 등식 : □ 2등식
       □ 4등식
	광도			□ 양 호
				 □ 불 량	

※ 측정 위치는 시험위원이 지정하는 곳에 ✔ 표시함

MEMO

MEMO

| 저자소개 |

고동원 | 한국폴리텍 Ⅱ대학 자동차과 겸임교수
　　　 | 새인천부분정비조합 이사장
　　　 | 애니카 랜드 문학점 대표
　　　 | 전국기능올림픽대회 심사위원
　　　 | 국가기술자격시험 실기 감독위원
　　　 | 자동차정비기능장
　　　 | roadcar119@hanmail.net

자동차정비기능사 실기

발행일 | 2018년 1월 10일 초판 발행

저 자 | 고동원
발행인 | 정용수
발행처 | 예문사

주 소 | 경기도 파주시 직지길 460(출판도시) 도서출판 예문사
T E L | 031) 955 – 0550
F A X | 031) 955 – 0660
등록번호 | 11 – 76호

정가 : 22,000원

ISBN 978-89-274-2400-0 13550

이 도서의 국립중앙도서관 출판예정도서목록(CIP)은 서지정보유통
지원시스템 홈페이지(http://seoji.nl.go.kr)와 국가자료공동목록시
스템(http://www.nl.go.kr/kolisnet)에서 이용하실 수 있습니다.
(CIP제어번호 : CIP2017024016)